U0303566

CLEAN & DECENT

清洁与高雅

浴室和水厕趣史

〔英〕劳伦斯·赖特　著

董爱国　黄建敏　译

创于1897　商务印书馆　The Commercial Press

2018年·北京

Routledge
Taylor & Francis Group

Lawrence Wright

CLEAN & DECENT

The Fascinating History of The Bathroom and The Water-Closet

献给莫利·A.蒙哥马利

第一位打开水龙头的人

目　录

作者的话

生活从来不按照计划进行。一般情况下，人们有时会突然意识到自己在做一件十分奇怪的事情。一个正在埃特纳火山（Mount Etna）上骑自行车的普通公民会突然发现自己陷入了战争。在头脑清醒的瞬间，他问自己到底在做什么。当我完成这本关于浴室和水厕的书时，正好也有那种"我是怎么扯到这件事情上来的？"感觉。这不是我的专业：我既不是管道工，也不是社会学家。我似乎是慢慢地、一步一步地陷入了这个有点可笑的境地。正如瑟伯（Thurber）所言，**事情自然而然地发生了**。

这一切始于在奥林匹亚（Olympia）举办建筑展览的蒙哥马利夫人。在时间很短而且没有一个明确目标的情况下，我同意筹划并设计这个展览的"特色"。需要解释的是，所谓"特色"不仅是指展台，还指展出的主题，组织者要向观众提供一种乐趣，使观众从中受到启发，与任何具体的产品无关。展览的命题可以是"漂亮的厨房"或"何处的石器工艺"或"历代储藏室"。是蒙哥马利夫人当时选用了"浴室的历史"这一命题，而我也发现，自己在探讨一些很特别的事情。在研究不断进展的同时，我发现所研究的对象比原来想象的要有趣，资料很诱人，而且很丰富。有些事情令人十分惊奇。谁会想到，罗马人曾经用金属筒来加热水；伊丽莎白女王一世曾经用过有冲水阀门的厕所；路易十四的浴盆里曾经放过垫子；也不会有人想到浴盆曾经被藏在沙发里，脸盆曾经被藏在钢琴里；威士忌酒可以倒在浴水里供人享用，羊排却不能在浴盆里吃；淋浴催生了浴帽，而且会引起窒息，海绵的使用还有性别之分？

为了展出，英国各地送来了各种各样的浴盆：德文（Devon）的立式浴盆，麦克尔斯菲尔德（Maccles-field）的淋洒式浴盆（shower-spray-plunge bath）、利兹的带篷式浴盆，还有各式各样的洗盆和盆厕，均是美妙的陶制艺术品。上面的花纹很漂亮，使现代的同类产品相形见绌。维多利亚女王在火车上用的洗盆也送来了，木制的管道，会放音乐的便盆，罗马剃须刀，最早的加热器等等。当所有这一切作为社会历史发展的里程碑被摆放好之后，一种想要通过浴室而不是战场更多地了解过去的想法便油然而生。

展览在"清洁与高雅"的主题下成功地举办并结束。我的朋友们开始无休止地用一些恶毒的笑话来嘲笑我的工作。我在奥林匹亚时忙于接待皇室的参观者，同时也成为人们一个小小的话题。我从这种压力中逐步恢复过来。但还没等那些盆盆罐罐被打包完毕，事情又发生了。一位出版商对我说，如果写成书，《清洁与高雅》可能会是一本好书……我希望如此。

我必须向那些职业的或业余的记者们表示道歉。他们看到了奥林匹亚展览的书面介绍，而且不约而同地都想要自己写这一本书。他们向我提出请求，要免费借用我的笔记、藏书目录、书、图片以及照片。我拒绝了他们。我希望我的拒绝是温和的。

本书旨在反映社会历史的一个方面，目的是为了让大众喜爱，因而不过分强调术语。只有在课程安排方面比较重视人文科学的建筑学校才有可能将本书作为教科书。本书尽管在学术上有所突破，但目的在于消遣。参考书目比较简短，但那些认真的学生在阅读了目录上所有的书籍之后会发现，除了一少部分，他们基本上可以掌握所有资料。一般读者可以不去理会那些参考书目。

本书所讲述的浴室与水厕的故事没有持续到今天，刻意让它停在了大约 50 年之前，只是为了完整起见，往后多写了几笔。这个领域在我们这个时代有所发展，技术书籍和发行广泛的报纸对这些发展均有详述。本书没有必要去总结当今的技术书籍和报纸，因为不可能面面俱到。未写到的年代与整个发展过程相比是一个很短的时期。对于未来的历史学家们来说，今天的技术成就在他们看来也许并不十分重要。

致　　谢

　　这本书不可避免地汇集了其他作者的智慧。在参考书目部分，首先有四项值得在此特别提及。H.A.J. 兰姆在《建筑师杂志》上发表的历史性回顾是本书起步的基础。他的参考书目提供了很多有益的史料。过去 20 年里，在这方面著书立说的作者大部分都得益于兰姆先生。他自己本应将那些广泛被引用的文章拓展成一本书。西格弗里德·吉迪恩的《机械化支配一切》(*Mechanisation Takes Command*)、哈弗德的《室内家具词典》(*Dictionnaire de l'Ameublement*) 和富克斯 (Fuchs) 的《道德史观》(*Illustrierte Sittengeschichte*) 同样也提供了丰富的资料。

　　其次必须感谢的是杰弗里·阿什所著的趣味性很强的《浴缸的故事》(*Tale of the Tub*)，史蒂文斯·赫利尔所写的、关于 1877—1891 年间管道工程一系列生动的著作，以及 G.R. 斯科特 (G.R. Scott) 的《浴室与沐浴的故事》(*Story of Baths and Bathing*)。关于修道院卫生状况的资料大部分来源于克罗斯利 (Crossley) 的《英国的修道院》(*The English Abbey*)。书中许多中世纪的文件主要引自萨尔兹曼的著作，或 E.L. 萨宾 (E.L.Sabine) 的文章。F.W. 罗宾斯 (F.W. Robins) 的《供水的历史》(*Story of*

Water Supply）是这方面资料的主要来源。一些久远的广告引自 E.S. 特纳（E.S.Turner）的《广告奇史》(*Shocking History of Advertising*)，或在他之前桑普森（Sampson）1874 年写的《广告史》(*History of Advertising*)。关于罗马式英国房屋的资料引自沃德（Ward）的《罗马式英国建筑与土木工程》(*Romano—British Buildings and Earthworks*)。大部分关于英国的资料来源于奥斯伯特·西特韦尔和玛格丽特·巴顿的《布莱顿》。涉及化妆史的一些资料引自 N. 威廉斯最近的新著《粉与胭脂》(*Powder and Paint*)。本书还从以下各位的作品中窃取了一点点资料：M.C. 布尔关于社会历史方面的著作，约翰·帕德尼（John Pudney）所著的《最小的房间》(*The Smallest Room*) 中有关水厕历史的记录，以及雷金纳德·雷诺兹的著名典籍《洁净与神圣》(*Cleanliness and Godliness*)。

重复引用第二手材料中那些没有读过的一手材料是很容易的，但要核实这些材料常常很难。在材料难以核实的情况下，多次引用的第一手资料没有列入参考文献之中，但在所列出的作 xii 者的著作中均有提及。获得版权许可有许多烦琐的过程，并不是所有的人都经历这个烦琐的过程。在此引用一位被剽窃者的话："可以设想，所有作者的主要目的只有一个，那就是传播知识。"

感谢那些久经考验的公司，他们慷慨地借给我们许多 1850—1910 年间无比珍贵的商品目录手册供奥林匹亚展出，使得第一次展现那个丰富的时代成为可能。哥德弗雷·哈伍德（Godfrey

Harwood）自愿贡献出他的亲戚乔治·詹宁斯一世许多未曾发表过的书信。奥汉伦夫人（Mrs. O'Hanlon）热心地将许多段落从瑞典文翻译成英文。哈伍德先生与夫人翻译了一些德文。还应该感谢爱伦·亚当斯（Alan Adams）、唐纳德·库克（Donald Cook）、T.S. 登海姆（T.S. Denham）、W.H. 哥德弗雷（W.H. Godfrey）、J.T. 海斯（J.T. Hays）、H.L. 加曼夫人（H.L. Jarman）、C.M. 米歇尔（C.M. Mitchell）、G.B.L. 威尔逊（G.B.L. Wilson）、W.T. 乌伦（W.T. Wren）、英国交通部历史遗物监管员、伦敦图书馆和皇家英国建筑家协会（Royal Institute of British Architects）图书馆的工作人员、利兹市和雷莱斯特市博物馆、伦敦博物馆和科学博物馆。

关于图示的出处及致谢请见原书 268 页（见中译本 336 页）。

第一章　人类开始安居乐业

沐浴的不同概念—无序的进步—沐浴用水反映的社会历史—水边居住的先民—卫生禁忌—无法携带的沐浴用水—新石器时期的坑厕—古老的陶器艺术—"现代"沐浴的突然出现—克诺索斯的官殿—官殿的水道—官殿的坑厕—王后的盥洗室—东方的旅店—古代城市—埃及—埃及的沐浴—阿肯那腾市—埃及的坑厕—乃克特庭院—古代希腊—私人浴室—公共沐浴

2　　　历史上不同的时期，沐浴有着不同的意义、目的和方法。在希腊，沐浴和健身是联系在一起的，短时间的冷水浴可以使人精力充沛。在罗马和伊斯兰国家，沐浴意味着放松，体力上的恢复和最终的身体健康，主要方法是使用一系列不同温度的蒸汽和水。它是一种社会活动，一般情况都是结伴而浴。希腊与罗马的沐浴仅仅是偶然用来净身。*Sanitas* 一词的意思是"健康"而不是"去垢"。中世纪的群浴以及欧洲许多复兴运动中的土耳其式沐浴几乎都是这个目的。在中古时代的修道院里，沐浴是非常严格的日常清洁，不允许慢条斯理，不允许戏耍享受，或许这是被迫的——浴水冰凉，以示忏悔。有些时候，沐浴被用作一种象征性的礼仪，它带给人们的愉悦与清洁仅仅是精神意义上的愉悦与清洁。18 世纪和 19 世纪初，欧洲的沐浴一般意味着一种医学治疗手段，沐浴的人被看作是"病人"。大约在 1860 年，沐浴才重新被当作一种日常清洁手段。由于多用冷水，仍不乏宗教忏悔的味道。随着热水的使用，沐浴再次向人们提供了可以"享用"的功能。今天，沐浴的人们除了日常清洁的目的，还享受罗马人的放松。

　　这些关于沐浴的观念在时间上有时重叠、掺混，没有清晰地展现进步的轮廓。一位当代英国人抱怨牛津大学的设施，指责牛津大学剥夺了他享受希腊米诺斯文化 ① 中每日洗浴的权利。15 世

---

　　① 　Minoan Crete：古希腊克里特岛的米诺斯文化，约公元前 3000—前 1100 年。(本书注释均为中译者注。)

纪的绅士们进行沐浴，而他们 17 世纪的后代却不进行沐浴。1350 年的僧侣使用的水道比较规范，比 1850 年的伦敦人有较好的卫生习惯，而波利尼西亚的"野人"则比那些僧侣和伦敦人都干净。

　　沐浴领域中的发明创造者总是在系统的教科书出现之前很多年就登场表演，因此总是让历史学家们感到意外。沐浴用品比较耐用，不易损坏，水道也不会经常改变，因此残留的废弃装置常常被错误地用来判断它们流行的时间。这些原因使得沐浴用品的发展无法有序地按时间划分阶段，标之以日期。如同所有社会历史一样，国王与王后们在这方面所建立的里程碑是很不明显的：1840 年和 1890 年洗浴的人们，除了共同处于"维多利亚时代"之外，几乎没有共同之处。按照世纪划分也无助于史实的确定：18 与 19 两个世纪的前后两个半叶都很不相同。20 世纪似乎也将如此。

　　将事件按照并不存在的逻辑顺序进行归纳来进行这方面的研究，曾经显得十分诱人：设想一些互不相干的沐浴尝试在一段时间里所走过的发展道路。虽然这种想法并不是毫无道理，但常常受到历史学家的抵制。英国社会历史中那些摇摆不定的模式，无疑将像以往许多反映历史发展的琐事一样，通过沐浴反映出来，或被发现是隐藏在厕所之中。西格弗里德·吉迪恩 [1] 说："对于历史学家来说，没有平凡琐事。"

　　早期人类似乎居住在河边：旧石器时期最早的工具在河床的卵石中发现。无论沐浴与否，人类必须有水才能生存。由于当时

---

　　[1] 　西格弗里德·吉迪恩（1893—1956），瑞士人，世界公认的最具有洞察力的建筑评论家和历史学家。

还没有一种方式将水运送到居住的地点，所以人类将自己的住处设在河边。人类似乎并不在意自己是否肮脏或有气味，但他们一定是发现了（或许是偶然跌入水中而发现的）冷水浴的爽身作用。从此以后，无论多么寒冷，人有时都会到浅滩去沐浴。水源本身既是浴所，又是浴盆。在经历了"寻找"适当的沐浴地点这一阶段之后，出现用砾石和树枝搭建的"浴所"是很自然的。与此同时，在此后的几千年中，人们或许发现了用流动的水可以将粪便冲走，因而在溪水或河边方便。从这些对于流水的不同利用之中，人们发现饮用与洗浴的用水应该在上游，而方便的地方应该在下游，从而开始了初级的卫生设施规划。

又过了几千年，人们又认识到了大自然许多恩赐所具有的神性。他们从水的力量大于人的力量这一事实中看到了这一点。产生这种想法的牧师很聪明，他懂得污染造成的后果，所以将巫术或宗教作为倡导良好卫生习惯的基础。他们无需花气力去宣传污浊带来的后果，只需将水的作用神化即可。他们警告人们，破坏供水系统会导致上帝的震怒与惩罚，因此才会有许多关于水的礼仪和迷信。这些关于水的礼仪和迷信在一些最原始的部族至今仍然存在。澳大利亚的土著居民仍处于石器时期，他们的信仰就与那些神圣的泉水相联系。英国北部德比郡（Derbyshire）的德尔斯人（Dalesmen）至今仍持有关于水的信仰。

无论是由于过分拥挤，还是为了寻找更好的猎场，一旦住所远离了河岸，水的运输成本使水的价值更显珍贵。饮用水自然是首先保证的，沐浴则很少见。无论在任何历史时期，人可以走数英里去饮水，而不会走数英里去沐浴。没有任何氏族会因为偏爱沐浴而不得不运输水。尽管是近距离的运输，每加仑所付出的疲惫也超出了沐浴时从每加仑水中所得到的体力恢复。直到奴隶文明或水道出现之前，在居所沐浴是不合算的。

在英国奥克尼的斯卡巴拉沙丘下，发现了新石器时期用石头搭建的屋舍。屋里有天然排水道从墙内通向墙外，被认为是厕所。同时发现的还有石头做的床、架子、橱柜，但未发现任何沐浴用具。洞穴壁画和古墓中也没有出土任何关于沐浴或洗漱方面的线索。在可以追溯年代的地层中，除了粗陶和石盆，考古学家们还未发掘出任何可以显示沐浴方面进化的证据。当人类文明发展到了可以进行真正意义上的沐浴时，所需要的一切技术都已经存在了。陶器是最古老的工艺品之一，即使是近代的耐火浴盆，早期时也不过比盘子略大一点儿。尽管生火时需要小心，使用时需费点气力，但无需使用特殊的技术将其做得与人体一般大小。唯一需要的就是一位会使用的人。当这个人以国王的身份出现、可以指挥一定数量的劳动力并得到应有的服务、能够享受在居室沐浴的快乐时，户外沐浴已经有了相当程度的发展并且相当普遍了。就像火车机车的历史不是始于希罗①的蒸汽机或"喷汽比利"（Puffing Billy），而是突然始于1895年的4-4-0"公爵"号（"Duke" Class）列车一样。

---

① Hero of Alexandria，又名 Heron of Alexandria（10—70），希腊工程师、几何学家。据说他在公元前130年就发明了汽轮机。Puffing Billy，列车名，使用双轮驱动，在英国纽卡斯尔附近首次运行。4-4-0"Duke" Class，可能是专供英国上层使用的列车。

你能分清吗？

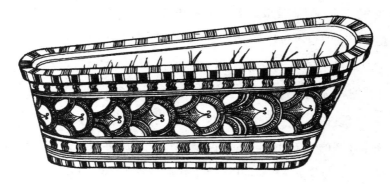

这两个浴缸中一个比另一个早 3600 年。哪个早，哪个晚，请看本书第 9 页。

因此，人类所知的首次沐浴并不是最原始的尝试。令人感到惊愕的是，它可以追溯到公元前1700年或约3600年前，而沐浴方式几乎与今天的一样。更重要的是，它是在高雅的浴室里进行，具有高效的排水系统。将那时的图片与1891年的沐浴图放在一起，很少有人能够即刻分清它们的年代。

最早的沐浴用品来自希腊的克里特岛。那个相对较小、被如今的主流文化抛在一边的岛屿是欧洲文化的发源地。传说米诺斯国王让最好的工匠代达勒斯①为他在克诺索斯建造了一座宫殿。后来，当宫殿被阿瑟·埃文斯爵士发现之后，人们才知道传说比实际发现逊色很多。埃文斯写了六大本书叙述自己的发现。米诺斯人在水利工程和卫生工程的设计方面比迦勒底人（Chaldeans）、埃及人或希腊人要高超得多。

克诺索斯宫殿里最早使用的一些用具是一些陶制的供水管道。6 这些管道的形状十分科学，一头的顶端很细，可以使水形成喷射状，以避免水中杂质的沉淀。埃文斯认为在这一点上，它们比现代的管道要好。这些管道非常巧妙地用粘接物连接在一起。管道上的所谓"手柄"也并非毫无意义。安装时用手握住这些手柄拍打，可以防止管道错位。管道的年代大约是公元前2000年。宫殿中每个居住区都有各自的排水系统，所有的水都流向一个石砌的、可容一个水道工通过的渠道。下雨时，雨水将其冲刷得很干净。米诺斯人显然很喜欢这些水利设施，并且将抛物线的知识运用到

---

① 代达勒斯：古希腊著名的发明家和能工巧匠。

管道

水道和沉淀物的冲刷之中。

　　克诺索斯的厕所非常"现代化"。在宫殿一层的一间厕所里，

7 有一个十分显眼的木座，有可能曾经有过陶制的浅盆，类似当今

的冲水厕所。里面还有一个用来冲厕的蓄水池。伊丽莎白时期有

过一个寿命十分短暂的冲水厕所（WC），英国在 18 世纪之前没

有任何厕所可以与之相比。

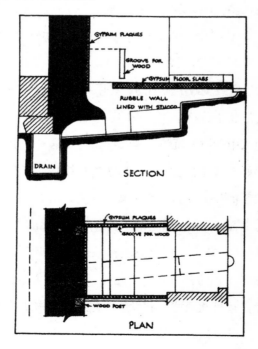

克诺索斯的坑厕

克诺索斯的王后浴室

克诺索斯王后的住处有一段私用的阶梯可以通到一个隐蔽的内务室和楼上的卧室。一间浴室与卧室相连，一个很短的通道通向厕所间。厕所设计精心，建造科学，具有"一切现代设施所具有的方便"。屋内有两个天井确保通风与透光。王后的浴室有一个开口处用于透光，可能挂有半透明的帘子。绘有图案的陶制浴盆已经被修复，重新放回它以前的位置。浴盆内壁上绘有芦苇图案，表现的是关于水的主题。浴水一定是人工添加或倾倒的，但附近的化妆间里有一个储水器，地面上有一个排水池，脏水很可能经此排出。一个灰泥砌的高台，可能是放置洗盆用的。四周的墙壁上刻有螺旋形的带子作为装饰，化妆间里有雕刻精美、色彩亮丽

8

克诺索斯客栈的洗脚池

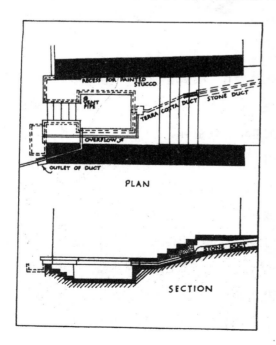

平面图和切面图

的海豚，一切均与王后地位相称。

　　宫殿的附近有一个客栈。疲惫的客人可以直接从院子走到一处可以洗脚的池子。池子大约长 6 英尺，宽 4 英尺 6 英寸，深 18 英寸。米诺斯人个子不高，一般的人也可以将池子用来坐浴。池子周围高出的厚板可供客人坐用。供水、溢水和排水系统十分复杂，至少有六个各不相连的水道。建造者似乎热衷于使用水道，但当时的管道不像今天的管道那样纵横交错。米诺斯人的管道全部都是隐蔽的。池子除了一个入水管道外还有一个溢水道，溢水处有一个孔和一个石头做的塞子。在另一间屋子里，有陶制的浴盆，上面有装饰性的绘画，有自来水和排污系统，这是供个人想彻底沐浴时用的。有迹象表明，当时有热水提供。浴盆上面有把手，可以抬，盆边上有一个类似于放"船桨"的地方可以放一块横板，以便提供沐浴者所需要的东西。盆外边的装饰主题与王后浴盆内的一样。

　　关于克诺索斯宫殿的传说其主要部分已被证实是真实的。尽

克诺索斯客栈的浴盆

管我们无法断定代达勒斯就是宫殿和卫生系统的设计者，但我们可以相信，如果他是设计者，他的技术是如此的高超，以至于他与伊卡洛斯（Icarus）可能确实进行了传说中的那次飞行。①

10　　在加沙曾发现过一个方形的浴池，如果它确实是浴池、且推算准确的话，它的年代应该在公元前 3100 年，比克诺索斯的要早。但它完全有可能仅仅是用作储水而已。在叙利亚的马里发现的宫殿浴室大约是在公元前 2000 年，是米诺斯文化中期的开始时期，此时克诺索斯的供水系统和可能存在过的早期沐浴文化已经消失。

　　位于印度河河谷的一些古代城市，于公元前 2500—前 1500 年期间开始繁荣，许多房子都有浴室和冲水坑厕。脏水流入一个砖砌的坑，通过位于坑内四分之三高度的一个出口，流入街道上的排水系统，类似当代的化粪池和粗沙坑。大约公元前 1500 年的美索不达米亚（Mesopotamian）城市所用的瓦制管道、厕所和石制的排水道至今仍然保持完好可用。有一个新巴比伦时期（neo-Babylonian）的"浴室"，其本身就是一个浴盆，盆身用砖砌成，石膏板铺地，粘接使用的灰泥是沥青、沙子和其它物质趁热时混合而成，有防渗作用。它的立式排水道是用环形陶器建造的。

---

　　① 传说代达勒斯出于嫉妒杀死了自己的侄子后逃到了克里特。后来，他和儿子伊卡洛斯被克里特的国王关进了监狱。代达勒斯非常渴望返回家园。因此，他花费了至少十年的时间，用羽毛、蜡和丝线为自己和儿子装上了翅膀。他告诉儿子不要飞得太高，否则蜡会被太阳融化，翅膀会坠落；也不要飞得离海太近，否则翅尖会受潮而坠落。伊卡洛斯没有理会父亲的告诫，他飞得很高，希望能够触摸到天空。最终，他因翅膀上的蜡融化而坠海身亡。

　　尽管伊斯兰沃土上所有的民族（亚述人、巴比伦人、苏美尔人、犹太人和叙利亚人）都大量使用化妆品和香水，但他们显然不如埃及人那么喜欢沐浴。他们的浴盆仅限于富人，只有在节日的时候，才清洗全身。

　　古代的埃及与克诺索斯相比没有什么特别值得展示的东西，最好的就是有一系列卫生标准，相当干净和高雅。我们推测在公元前1491年时，埃及的法老就有每天在尼罗河中沐浴的习惯，因为《圣经》中的《出埃及记》里记载了上帝对摩西讲的这段话：

　　　　你早上去见法老，他去河边的时候，你要站在河边等他。①

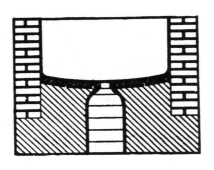

新巴比伦时期的浴池

　　底比斯②的一座墓中有一幅浮雕。雕刻显示的是一位在化妆间里沐浴的埃及贵妇。浇向她头部的液体太慷慨了，不可能是香水或护发用品，但如果是沐浴，水量似乎又太少了，尤其是妇人

———————
　　①　《圣经·出埃及记》，7：15。
　　②　底比斯：古代尼罗河畔的城市。

11

底比斯古墓中的浮雕

的头上还戴着环形珠宝饰品。特勒阿马那的阿肯那腾市出土了大约公元前 1350 年的一座小型浴室。浴室的一头横放着一块石灰石板，边缘很低，只能容 1—2 英寸深的水。低矮、竖立的石板是用来挡水防溅的。据推测，可能有一个人用瓶子将水向沐浴者的身上倾倒，仅仅是简单的淋浴而已。脏水通过墙里的一个槽流入一个低洼的渗水坑，坑可能是留给花工灌溉用的。同时代的坑厕设有冰凉的石灰石坐架，中间有一个老式钥匙一般的孔，粪便落入下面坑里一个可以移动的器皿中，也许还是留给花工的，这些坑厕无法冲水。同一城市的乃克特庭院的厕所是另一种款式。里面有两个砖砌的支架，可能是用来放木座的。像约翰逊医生一样，乃克特也许认为"简单的板子是最好的"。第三个坑厕的座子两边是空的，有可能放有干净的沙子。

　　荷马常常提到古代希腊的私人浴室。在《奥德赛》中，疲惫12 的旅客几乎总是要沐浴的，而且是热水浴。水被装在一个三条腿

特勒阿马那的石灰石便座

的容器中放在火上加热，然后送到浴室，在一个金属浴盆里将冷热水相兑，"使之达到一个舒适的温度"。聂斯朵尔（Nestor）美丽的小女儿波里卡斯特为塔里马卡思沐浴。

　　她给他沐浴，用甘美的橄榄油给他涂抹全身，然后给他穿上长袍和斗篷，这样他从浴室出来后就是一个不朽的躯体。

在马纳劳斯的家里，塔里马卡斯和培斯托特斯（Peisistratus）

　　一起到精美的浴盆里沐浴，或者说，侍女们为他们沐浴，给他们全身涂上油脂。

希腊瓶绘中所看到的"浴具"不大，很像大鸟用的浴具，因为人的身子几乎不能躺下。有一幅瓶绘上面画的是淋浴，水从周围柱子上的怪物口中喷出。当阿伽门农攻下特洛伊回到家中，痛快地沐浴时，他的妻子利用这个机会用斧头砍了他两下，杀死了他。杰弗里·阿什[1]很敏锐，他推断阿伽门农的浴具不能躺，否则他的妻子砍一下就可以了。过多地沐浴是不允许的。古希腊演说家德摩斯梯尼曾抱怨一个懒惰的水手"总是在沐浴"。

古希腊的公共浴所仅仅是健身房的一部分，在某些方面类似罗马的浴场，但不分温水间和热水间，也不提供热水和其他享受。希腊的公共浴所，无论淋浴还是盆浴，都短暂而冰冷，是供运动员而不是奢侈者使用的。赫西俄德[2]指责使用热水是懦弱的表现。后来，希腊人才经常向这种诱惑投降。与罗马人不同的是，他们在热水浴之前先进行冷水浴。

---

[1] 杰弗里·阿什（Geoffrey Ashe）：英国著名历史学家。

[2] 赫西俄德（Hesiod）：公元前 8 世纪—前 7 世纪，希腊最早的诗人之一。

第二章　公共浴室（池）

增大面积的意义—罗马浴场的规模—罗马的供水系统—罗马人的沐浴程序—骄奢淫逸者—沐浴广告—罗马沐浴在英国—别墅—罗马式英国房屋—加热系统—卡文特的澡堂—鲁林斯通的挖掘—士兵—豪斯台德城堡—管道与铺设—供水系统—沐浴业的终结

历史上人类住所的屋顶跨度不断加大，它告诉我们这样一个 14 重要事实，那就是，建造它们的人总是希望屋子里的面积越来越 大。他们生活中的主要兴趣似乎是通过技术上的努力给这片越来 越大的面积加上屋顶。今天，人们的目的是建造飞机库，比展览 厅或电影院的屋顶还要大。19世纪最大的屋顶是火车站，18世纪 是贵族的别墅，中世纪时是大教堂，在罗马，则是公众浴场。这 里强调集体生活，沐浴是基本的社会义务，最高大的建筑物和最 好的建筑技术都用于建造公共浴场。

这些浴场庞大的程度很难想象。卡拉卡尔拉的浴场占地大约 1100平方英尺，比圣保罗大教堂的面积大六倍还要多，可供1600 人同时沐浴。据说迪奥克莱辛的浴场是卡拉卡尔拉浴场的两倍， 米开朗琪罗仅用前厅部分就将其改建成了圣马利亚大教堂（the great church of *S. Maria degli Angeli*）。[①]

罗马的水是由13条石渠来供给的，最长的一条长约14英里。 知情的游客会说，这些石建工程其实并不必要。愚蠢的罗马人应 该知道，水会自己寻找低处，只要在峡谷中架一条管道即可。但 罗马人对水的规律并非一无所知，他们只是没有很多能够承受水 压的金属（例如青铜）来做这样大的管子。他们懂得材料和人力 的相对成本。

---

① 圣马利亚大教堂：罗马旅游胜地。1563年，米开朗琪罗在迪奥克莱辛浴 场温水浴场大厅的废墟上改建，是当时的建筑顶峰。

　　遗留下来的地上管道留给游客的印象很深刻，以至于人们意识不到罗马的管道系统主要在地下。大约公元 52 年时，罗马当时的 8 条主要管道总长约 220 英里，地面管道仅有 30 英里。

　　公元 4 世纪，罗马共有 11 个公共浴场，1352 个喷头和蓄水器，856 个私人浴所。庞贝的一些私人住宅里有 30 个龙头。如同私宅中可以冲水的坑厕一样，公共的冲水厕所也很多。公元 315 年，

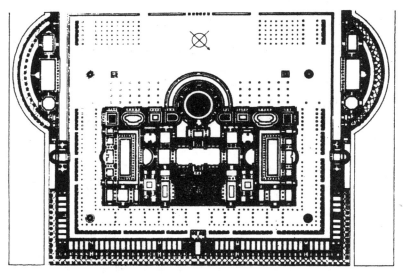

浴场

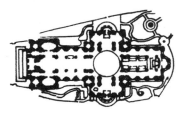

教堂

罗马卡拉卡尔拉浴场与伦敦圣保罗大教堂，比例尺相同

罗马的冲水公厕有 144 个，在普泰奥里每 45 人有一个，蒂姆加德每 28 人有一个。

巅峰时期，罗马每人每日供水量为 300 加仑，而当今伦敦每人每日的供水量约为 51 加仑，其中 34 加仑为家用，17 加仑为商用。古代罗马人一定比我们今天的人浪费得多，但也洗得多，用得多，尤其在沐浴方面。

罗马的沐浴操练有如下几种不同形式。铃声大约在 1∶00 响
15 起，这意味着水已经热了。此时人们开始入浴，每人付四分之一阿斯①。在室内的球场上打一会儿网球，直到身体发热，然后进入温室。所谓温室只是一间稍微暖和一点的屋子，沐浴的人在里面穿着衣服捂汗，然后进入更衣室脱衣，涂油。记住希波克拉底②的建议：

> 沐浴的人行为应该有序而规范，不应该为自己做任何事，而应该让他人向自己身上泼水，为自己搓洗。

浴场里没有肥皂，但你可以自备涂油或油膏。如果你很脏，
16 涂抹的油中可以掺一些来自非洲的沙子，就像擦你的马车一样。之后进入一间很热的屋子（calidarium），在其中大汗淋漓，然后进入正好位于锅炉（hypocaustum）上方的蒸汽浴室（aconicum）做短暂停留，屋子里面的热空气用一个阀门来调节。此时你可以

---

① 阿斯（as）：古罗马钱币，约二分之一旧便士。
② 希波克拉底：古希腊医师。

充分享用从头上冲下来的热水。这股水有三个铜管，分别提供热水、温水和冷水，依顺序使用。三个铜管相互连接，这样，热水冲完之后紧接着是温水，之后便是凉水。现代的锅炉不久前才采用这种方法，目的是节约燃料。此时你可以用一个刮子（strigil）进行彻底清洗。刮子是用金属做的，上面有一个小槽，所有的脏物都被刮在小槽里。随后，你被侍者擦干，重新涂油，最后进入冷水浴室（frigidarium）进行冷水浴，接下来便是漫步或坐下来会见你的朋友。你会觉得十分放松，可能会发表言论，谈论那些处于北部某个岛上，刚刚征服了野蛮人的、肮脏的不列颠人的可怜状况。

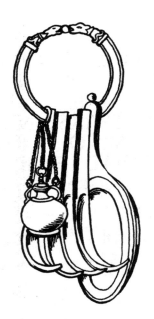

罗马沐浴用具：刮子、油壶、饮水杯

尽管后来有一个皇帝在晚间也将浴场点亮，但浴场开放的时间一般是从下午 1 点到傍晚。沐浴的目的是为了开胃，一些骄奢淫逸的人餐后还进行一次或多次沐浴，以便再次进餐。这种做法有时是致命的。据说一些颓废的皇帝们每天沐浴 7 至 8 次。这种奢侈沐浴的最后一项是普林尼提到的悬垂浴（pensiles balneae）。一些较小的浴具被用绳索悬吊起来，沐浴的人可以坐在里面荡秋千。

早期的沐浴男女不能同浴，甚至父子也不能同浴。高雅的女性从不去浴场。但后来女性去浴场的情况时有发生。

至今庞贝的墙壁上还留有当年各种广告的痕迹，有一则是宣布新开的浴场：

DEDICATONE . THERMARUM .
MUNERIS . CNAEI . ALLEI .
NIGIDII . MAII . VENALIO .
ATHELAE . SPARSIONES . VELA .
ERUNT . MAIO . PRINCIPI .
COLONIAE . FELICITER .

其大意为：浴场将举行正式开张仪式，将会当众宰杀野生动物，表演竞技项目，搭建天篷遮阳，喷洒芳香雾水。这最后一项将制造出一团芳香的云雾（nimbus）以改变观众身上的气味。这一切实在是太有必要了，如果当时的观众确实都像卡斯卡（Casca）所描述的罗马暴民一样的话：

[他们]嚎叫着，拍打着变形的双手，将沾满臭汗的睡帽抛向空中，大口地吐着臭气……我不敢笑，害怕张开嘴巴会吸入污浊的空气。

喷洒使用的大概是一种比较大的喷雾器或其他"原始的机器"。另一则庞贝的广告这样写道：

THERMAE
M. CRASSI FRUGII
AQUA . MARINA . ET . BALN .
AQUA . DULCI . JANUARIUS . L .

其大意为：提供热水、海水和淡水沐浴。小地方的店主落款时一般喜欢写伦敦或巴黎。意大利小地方的店主也常常说他们遵循的是罗马的习俗。博洛尼亚的一位浴所主人的广告这样写道：

IN . PRAEDIS .
C . LEGIANNI . VERI
BALNEUM . MORE . URBICO . LAVAT .
OMNIA . COMMODA . PRAESTANTUR .

18

其大意为：他的浴所与城里流行的一样，提供所有的方便。在庞贝的弗勒斯大街（Street of the Fullers）上出现了下面的广告，颜色是红的，覆盖在另一则白色广告之上：

IN PRAEDIS . JULIAE . S . P . F . FELICIS
LOCANTUR
BALNEUM . VENEREUM . ET .
NONGENTUM . PERGULAE
CENACULA . EX . IDIBUS . AUG .
PRIORIS . IN . IDUS . AUG .
SEXTAS . ANNOS . CONTINUOS .
QUINQUE .
S . Q . D . L . E . N . C .

这句话被译为

在斯波里乌斯·菲里克斯（Spurius Felix）的女儿朱丽娅·菲里克斯（Julia Felix）的地界上，从8月1日至6日，出租一个浴室，一个妓院，900（90？）个商店、凉亭以及上面的居室，租期五年。

据说最后一行的7个字母意思是"不向任何从事不正当职业的人出租"。但这句话似乎很奇怪，因为有一所"妓院"要出租。其他一些学问高深的人认为最后7个字母代表的意思是意大利文：Si quis dominam loci eius non cognoverit，并且想象下面没有说出的话是 adeat Suettum Verum。意思是"任何人，如果不认识房子的主人，请向苏埃图斯·韦鲁斯（Suettus Verus）申请"。从这一切可以看出，学者们是多么有学问。他们还将庞贝街上两个用圣蛇做成的路标解释为：不要随地大小便。

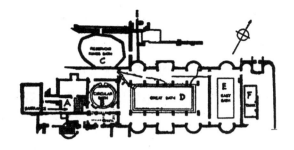

罗马人占领时期巴斯的浴场

罗马人无论在哪里定居，都会建造公共浴场。在伦敦就有小型罗马式浴场的遗迹。在罗克斯特有大浴场的遗迹。无论在哪里发现了温泉，罗马人都会利用它们进行沐浴。英国巴斯的阿圭苏里斯浴场在罗马人占领后不到10年（约公元54年）便开始修建。19平面图上显示，浴场共有6个浴池：A是一个从地下加热的热水间；B是一个直径33英尺的圆形浴池，可能是供妇女儿童使用的；C是一间国王使用的浴池，17和18世纪时使用较多；D是一个长80英尺，宽40英尺，深近乎6英尺的大浴池。遗址的桩基仍然存在，上面曾立有高40英尺的柱子，比现在一些浴池里的柱子高两倍。柱子支撑的是空心瓦建成的拱顶。两千年前罗马管道工人所建的管道至今依然可以提供热水。入池的台阶上依然可以看到罗马沐浴者久踏的痕迹。E和F是1923年出土的相对较小的两个浴池。国王用的水温是华氏120度[1]，从不改变。与另外两个小浴池的用水量一并计算，每日供水50万加仑。这些浴场仅仅是罗马大浴场的缩影。无论大小，公用还是私用，原则都是不变的。

---

[1] 华氏120度相当于摄氏49度。

用"别墅"称呼英国的罗马式乡舍是不确切的。"别墅"是包括房屋和土地在内的一切固定资产。英国挖掘出的乡舍很大，是遗迹得以存留至今的原因，但这些宫殿式别墅并不包括土地。英国乡间大部分其他房子都很小。在城镇，几乎没有谁家里有浴室，因为有公共浴场。现在人们看到的那些遗迹：一排排粗糙的、砖砌的高台——所谓的罗马"火坑式供暖系统"，地下供暖房——毫无疑问是沐浴的地方。这种设施也许仅仅用作一间普通房屋的地暖供给。遗址并不很明显，上面房屋的样式仅仅是依据地基推断出来的。它们也许很像意大利那些保存比较完好的浴场，只是较小，且不豪华。庞贝附近的波思科瑞尔出土了罗马式农舍，发掘出的管道完好无损，有助于了解英国相应的管道设施。用于加热供暖系统的锅炉和水箱都在厨房旁边的一间小屋里，水箱是一个铅制的圆筒，有一20 个石头外壳，由一个铅制的管子将厨房冷水箱内的水注入圆筒。热水池周围有台阶，可以坐，冷水淋浴用活塞控制，与热水相接，只需拧动，就可以享用各种温度的水，还可以提供厨房使用。

庞贝的例子可以解释在英国蒙默思郡（Monmouthshire）的卡文特发现的一个十分紧凑的浴所。这个浴所似乎在房子的西头，各房间的用途推测如下：A 是前厅，从院子进入。B 在 A 的左边（或南边），是冷水浴室，浴池面积约 10 英尺 6 英寸 ×5 英尺 6 英寸，池底用灰泥砌的石板铺设，低于房间地面 3 英尺，池子四周用砖砌成，漆成红色，浴池与前厅之间有一座 9 英寸高的矮墙，池中有一个台阶或称坐台，注水孔在南边中间的地方。C 是供人清凉与穿衣的房间，设有一个起居室大小的凉亭。D 室很大，是温水浴室。

E室很窄小，是热水浴室，西面有一个热水浴池，比冷水浴池小且浅。浴池靠墙的三侧有许多空心砖砌成的暖道，与下面的供暖坑相连。浴池底部是一整块石板，放在暖坑烟道之上用来供暖。F是汗室[①]，直接位于锅炉之上。G处是烧火的地方，地势较低，可能有院墙或篷子。有迹象表明，它也许像波思科瑞尔的浴室一样，有一个锅炉，因为支撑用的架子仍然可见。所有的屋子在入口处都有相当于四分之一周长的灰泥裙边，这说明当时使用的是帘子而不是门。

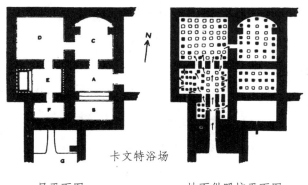

卡文特浴场

一层平面图　　　　　地下供暖坑平面图

在肯特郡的鲁林斯通，一个正在挖掘中的古迹说明，罗马的殖民者在英国有自己独立的社区，生活很像英国后来的乡绅。《泰晤士报》考古记者对1957年之前这里的发现是这样描述的：　21

> 一个位于古榆树（同样渴望水的巨人）下面的澡堂在公元2世纪时就提供沐浴。公元4世纪时，这间澡堂被修缮和扩大。一个供男人们下水之前小坐和活动筋骨的台阶依然可

———————————

① 相当于今天的桑拿室。

见。旁边另一个较小的浴池一定是供孩子们使用的。

在遗址对面的山坡上，挖出了一个被落石掩埋的、公元2世纪时房主单另修建的洗衣房，具有一切基本功能。房子的后面有一个粗糙的、用砖瓦和石头堆积而成的堆子，可以用于晾晒衣物。附近的一个锅炉向一个水槽里提供热水，用来踩洗那些很脏的衣服，与今天许多大城市人的做法以及《奥德赛》中诺西卡和她的侍女们的做法一样。房子里有一个供暖坑和一个锅炉，后面的下水道用于排水。

用来绑绳子晾衣服的桩子是可以随意移动的，当时的桩孔依然可见。

……我们可以感受到的不是幽灵，而是与我们"有同样胃口"的男女。他们也有狗作为他们的朋友，他们的房子及规划也反映出美满的生活和文明的习惯。对于他们来说，乡间生活提供了一种特有的满足。如果他们也像贺拉斯①一样，是从繁杂的城市逃到乡间的话，得到的满足会更多。

不仅富人可以享受这一切，那些从意大利行军来到英国，并抱怨诺森伯兰（Northumberland）寒冷雾气的士兵们，在等级显得不重要的时候也可以随时找到能够洗热水浴的地方。位于哈德良长城上的豪斯台德城堡，有一整套精心设计的系统：石制水箱，下水道，尚待全面展示的浴所和厕所。那是一套为兵营提供的沐

---

① 贺拉斯（Horace，公元前65—前8），罗马抒情诗人。他的颂歌和讽刺作品对英国诗歌产生了重要影响。

浴设施。水箱中多余的水用来冲厕，另有一个龙头可以在必要时进行更彻底的冲洗。主厕面积大约 31 英尺 × 16 英尺，两侧有多个坑位，上面毫无疑问有木架可供如厕者坐。

陶制的管道（tubuli）很普遍，在柴郡（Cheshire）的霍尔特炉窑中发现的陶制管道一头比较细，可以插入一个相对较宽的卯眼里。木制的管道很少，这些管道有时有卯端和卯眼这样的连接处，有时端口有铁箍，直径比管径小，比较锐利，可以被敲入管道。卯端还有一个凸肋，用来确保卯入部分的长度是均匀的。铅制的管道一般是椭圆或锥圆形，用铅板做成管状，焊接而成。巴斯发现的铅管是长方形的，接缝处不是焊接的，而是卷边的。其他一些是三角形的，用铅肋连接。一般长度大约 10 英尺。管道工（plumbarii）用的铅来自曼迪普思（Mendips）、坎伯兰 22（Cumberland）和威尔士（Wales）。生产者常常将自己的名字或所有者的名字标记在管道上。一些被发现的铅块上标有"哈德良"字样。在重要的管道线路上，每 3 或 4 英里会有一个水箱，这样维修时不会使供水中断，同时可以控制压力。中世纪时，这种技术再次被使用。塞子一类的安装零件一般用青铜制作，喷口的开关形状一般采用动物的头形。海豚的头形使用得非常普遍，在相距遥远的尼泊尔、西藏、爪哇（Java）海豚头像不可思议地重复出现。在维特鲁威描述过的、公元 1 世纪时的管道线路上，罗马人曾经使用过水泵。这个水泵在西切斯特被发现，是木制的，内装一个铅制的圆筒内衬，而当时一般使用的是青铜材料。

罗马时代的不列颠没有地上管道，但有顺地形而开的露天水渠。在哈德良长城线上的大切斯特地区，有一条长 5 英里的水渠，从 $2\frac{1}{4}$ 英里以外的考伯恩直线引水。多切斯特也有相似的设施。林肯郡有一个陶制管道系统。哈德良长城线上的波杜斯沃发现了木炭滤水池。那里的乡舍可能有储水箱，由露天水渠向水箱中注水，就像格洛斯特郡的切德沃思一样。那里有一个露天的大盆，可以容纳 1500 加仑的水。

我们必须清醒地认识到，罗马人的占领不是一个孤立的插曲，它持续了差不多相当于伊丽莎白一世到二世 ① 那么长的时间。在如此漫长的时间里建立起来的一种文明会在瞬间被彻底抹去，以致除了被损坏的道路之外，它的艺术、风俗、生活习惯都彻底消失，不留任何痕迹，这似乎令人难以置信。其必然解释是，后来入侵的撒克逊人、丹麦人、朱特人（Jutes）以及其他占领者并不是来统治和收税，而是来灭绝和取代当地人。撒克逊人似乎不喜欢城镇，可能没有占领伦敦。即使是最早的入侵者似乎也没有占据那些罗马人的别墅——也许他们认为那里面有鬼。也许他们根本不明白澡堂是做什么用的。也许他们将建筑彻底铲平之后，也没有从那些砖堆上学到任何东西。假如制砖这种简单的技艺完全失传——事实上已经失传了——那么，管道技术也难以继续留传。当罗马大部队撤离的时候，他们不可能将浴池也带走，但他们也许带走了浴盆之类的东西，以便今后利用它们。正如格雷勋爵（Lord Grey）说过的那样，欧洲所有的水管都被关上了，一直到将近一千年之后它们才被重新打开。

---

① 伊丽莎白女王一世，1558 年即位，二世，1951 年即位。罗马人对英国的占领持续了近四百年。

第三章 圣洁的气味

早期教会的沐浴观—修道院—忏悔浴—修道院的卫生习惯—
盥洗室—供水系统—坎特伯雷的克里斯特彻奇修道院—圣托马斯
的奇迹—伦敦加尔都西修道院—科克斯托修道院的浴池—达勒姆
的盥洗室和厕所—后室—排水系统

24   很多作家重复描绘着这样一个故事，即早期的教会反对沐浴。他们引用圣本尼狄克 ① 的指令："对于那些好人，尤其是年轻人，应该基本上不允许他们沐浴。"在洗与不洗的问题上，持不同观点的两方面均有很多证据。圣阿格尼斯 13 岁死亡，之前从来没有沐浴过。4 世纪时一位赴耶路撒冷朝圣的女基督徒炫耀她 18 年中未曾洗过脸，因为怕洗掉洗礼时涂抹的圣油。有福的圣杰罗姆训斥他的追随者们太干净了。但伟大的格里高利是能够适应修道院日常卫生习惯的第一位修道士。他后来成为教皇，允许并建议星期日沐浴，只要沐浴不是那种"浪费时间的奢侈享受"。圣波尼法斯在公元 745 年禁止混合沐浴。公共浴所确实曾经被称为罪恶的温床（Seminaria venenata），但教会反对的是犯罪而不是搓洗。公元 8 世纪时，教皇阿德里安一世建议牧师们每星期四去当时开放的浴池洗澡。10 世纪时，科隆的大主教布鲁诺和 11 世纪的不来梅大主教阿德尔伯特均戒浴，但仅仅是作为自我克制的一种手段，如同法兰克贵族禁浴是以苦行赎罪一样。另一方面：阿西西（Assisi）的圣方济各虽然说过"我们的水姐（Sister Water）非常有用、恭顺、珍贵、洁净"，但仍将肮脏列入一系列具有神性的标志物之中。锡耶那（Siena）的圣凯瑟琳不仅戒洗，而且还进行另一种形式颇为小气的自我克制。

---

①   约公元 480—550 年人，天主教本笃会创始人。

在"欧洲千年不洗"的那些肮脏的日子里，修道院是文化的卫士，也是卫生的卫士。修道院是后罗马时期供水与排水设施方面的先驱。性情烦躁的修道士会被送入冷水浴池，这样可以冷却他的情绪。众所周知，奥尔德雷德记录了方廷修道院和科克斯托修道院的历史。当他产生世俗想法时，曾坐在齐脖子深的冷水里。但沐浴并不完全是苦行，表现好的修道士可以洗温水浴。

什罗普郡，马奇温洛克的圣米尔波加修道院：12 世纪的盥洗室

英国的修道院对这种沐浴有一整套规矩。内侍每年必须准备新鲜的麦草做浴垫，必须购买木柴以维持温室里的火不灭，必须准备每年两三次，甚至四次沐浴所要用的温水和肥皂，以及每三周一次的理发和每周六洗脚用的温水。理发的时候，修道士们在修道院的走廊里面对面静静地坐成两排，年长的修道士先理，年

25

轻的修道士后理，轮到年轻者理时，水凉了，毛巾也湿了。浴室里有用橡木或核桃木制成的简单的圆形或椭圆形的浴盆，麦草用来做浴垫。有病的人可以多洗。

餐厅的附近有盥洗处，那里有一个石槽，供餐前餐后用冷水洗手。厨师负责确保其干净。盥洗处有的建在走廊上，被嵌入墙壁，这样不影响行人往来，像诺里奇的一样。有的在走廊旁边的地窝里，像格洛斯特的一样。有的在花园中单独建造的棚子里，像坎特伯雷和达勒姆的一样，或像马奇温洛克的大理石盥洗处一样，虽然漂亮，但却被无情地毁坏。一个凹进处用来挂拭巾，拭巾"不许用来擤鼻，也不许用来搓身上的脏东西"。

26　　修道院在很早时就建造和使用了周密的供水系统。坎特伯雷的克里斯特彻奇修道院早在 1150 年就铺设了完整的供水系统，图纸仍被保存。水源的附近是一个圆形的塔式水房，地下铅管由此开始，通过 5 个长方形的净水器使脏物沉淀，达到净水目的。每个净水器上有一个风口，用来控制压力。管道从那里经城墙的下面进入修道院的领地，然后进入盥洗室，流入一个架在柱子上的水箱里作为水的源头。从这里伸出两根管子，一根接到餐厅、水池和厨房，另一根接到烤房、酿房、客厅以及医务室附近的盥洗室。盥洗室里的细水不断，涓涓流入盆中。管道进一步将水分流到澡堂和一个供城镇居民用的水箱中。废水流入一个石砌的鱼塘，然后再从那里流入院长寝室旁边的一个水箱，进而流入"院长的浴盆"。在那里，澡堂废水与房顶上流下来的雨水相汇，形成一股很大的冲刷水流，通过主排水管来冲刷厕所。这里甚至有一个应急系统：在医务室的院子里有一口井，旁边是位于主管道上的一个空心柱，干旱时可以将井水注入空心柱中。主管道上有一些很短的分支，可以打开。从开口处对主管道进行清洗。这个高效的水力系统可以说明为什么修道院可以逃过 1349 年黑死病的灾难。

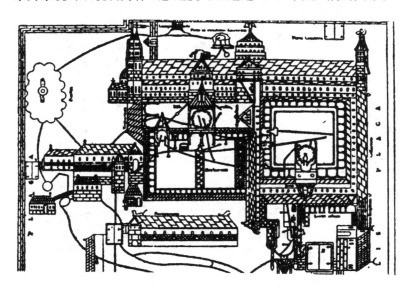

　　一些早期的地下供水系统挖得很深。它们的深度在关于圣托 28
马斯·贝克特[①] 的故事中可以反映出来。故事说的是格洛斯特一位名叫威廉（William）的、专门负责丘奇唐地方的地下管道设施的人。有一天他在深 24 英尺的地下铺设铅管时被两侧的泥土塌方埋在地下。当地的牧师正在为他的灵魂作弥撒时，圣托马斯施了法术，威廉在被埋了一整天后，挖出来时仍然活着。

　　供水管道铺设的距离很长。在圣艾德蒙斯的伯里所铺设的管

---

① St.Thomas à Becket（1118—1170）：坎特伯雷大主教。

27

坎特伯雷大教堂和寺院的供水及排水系统平面图，大约于 1167 年完工

道有 2 英里，在切斯特超过 3 英里。格洛斯特和雷丁各有两个系统，一个用于饮用和清洗，一个用于冲刷下水道。在雷丁，水是从肯耐特河用 2 英寸口径的铅管引入的。在埃汶河下游的拉考克教堂，采用的也是同样的方式。这条管线的一部分 1941 年时还在使用。这些管道和罗马人的一样，是用铅板做的，全线焊接而成。有时，空心的榆树干会用来做主供水管道，正如在比尤利至今仍保存完好的水房里的管道一样。那里的博物馆保存的瓦制和铅制管道很像罗马人的。舍伯恩教堂的管道至今仍向舍伯恩中学的游泳池供水。

在档案馆里，可以看到绘有水道的羊皮纸图，① 那上面绘有伦 29 敦加尔都西修道院的管道系统。1430 年，一个名叫约翰·费勒比（John Feriby）的人和他的妻子玛格丽（Margery）赏给修道院院长和修女团一股泉水和位于艾斯林登的一部分土地，让他们铺设地下管道。像坎特伯雷的水道一样，铅管和带有风口的石头水槽将水引到修道院。从大修道院的一个水房分出一些支脉通向盥洗室、洗衣房、餐厅、酒窖和厨房。提倡苦修冥想的加尔都西修道院的修道士们几乎都是与世隔绝的，自己做饭，种菜，每个人的房间都有自己单独的供水系统。另外还有一条管道通向附近两个小旅店，他们都是得到了修道院的许可才使用这个系统的。1451 年，一些酿酒商人想通过法律取得使用权，但被法庭否决。

1950 年开始挖掘的科克斯托修道院除了浴缸之外还有一个

---

① 欧洲早期在羊皮制成的纸上书写。

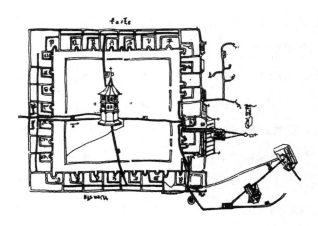

伦敦加尔都西修道院的水道羊皮纸图（大约 1430 年）

非同寻常的浴池。这是目前所知的唯一被确认的修道院浴池。这个浴池是一间石头屋子，建在露天院子里一个低洼的地方，距离一个由暖房和地窖构成的角落很近。该浴池长大约 4 英尺 7 英寸，宽 4 英尺 3 英寸，估计原来至少有 5 英尺 6 英寸深。墙和地都是表面粗糙的砂岩，入池的台阶伸向一端。池子里有一个铅制的供水管和一个石制的下水道，一个可以移动的石头作为下水口的塞子。池子的年代是 13 世纪似乎已成定论。现在正在用新石头进行全面修缮，与刚出土时看上去完全不同。如果它的年代推算准确的话，这个浴池是英国，也许是西欧独一无二的。关于这个池子还有一些难解的谜，结论依然难以确定。它的位置很奇怪：它距离一个同时期的居室的门廊只有一步之遥，虽然不在一个中线上，却几乎和门一样宽。如果从居室出来很急的话，很容易跌入池子，除非池子是盖着的。这种情况使人想起卓别林演的老电影《救药》（*The Cure*）中正对着旅店门口的池子。按照浴池的标准来说，它的形状和深度都是很奇怪的，池壁的石头也不是用灰浆抹的，不能长久蓄水。人们开始时认为它是一个用来储存肉、奶或酒的冷库，但这种看法是在管道系统被发现之前。如果没有进一步的证据，关于科克斯托浴池的判断也许就是"未证实的"。

1662年，一则关于达勒姆地区一座修道院的描述记载了盥洗室和厕所：

在修道院的花园里，餐厅的门前有一个雅致的盥洗间供 30 修道士们洗手洗脸。洗槽是环形镀铅的，除了最外面的墙，都是大理石构造，修道士们可以在里面来回走动。环形洗槽上有很多黄铜的喷口和24个黄铜开关，室内有7扇石砌的明亮的窗户，其中一扇上面挂着一个用今天的衡量标准也称得上很精美的、镀铅的鸽子笼。

盥洗室门的东边挂了一个铃，是召集修道士们在11点时进行饭前清洗和提取餐具用的。修道士们的餐具放在餐厅门的两侧。盥洗室的外面常常放着用来擦手的毛巾。

卧室西边紧挨着的是一个很大、很典雅的地方叫作蔽所，供修道士和修女们使用。两个巨大的石柱撑起整个地面，每一个便位和其所属部分的两侧都有隔墙，以便如厕时相互遮蔽。蔽所两侧的墙上给每一个便位开有一个小窗提供光线。后来小窗被堵上了，这样可以更隐蔽。在蔽所的最西头有三个大玻璃窗，给整个房子提供光线。

坎特伯雷的水塔

在很多修道院里，"后室"、"蔽所"或厕所部分都在上层，
31 用一座悬桥与卧室部分相连接，这样做的目的可能是让空气流
通，就像今天的地方法律规定"大厅必须通风"一样。这些厕
所往往很长，坎特伯雷的145英尺，刘易斯的158英尺。由于
每天的活动都有十分严格的时间规定，很多人同时如厕是意料
之中的事。弗内斯的厕所便位是两排，背对背排列。但一般情
况下是单排靠墙排列，用隔墙分开，每个厕位都有窗户，如达
勒姆和约克郡（Yorkshire）喷泉修道院的一样。厕所的下面是
一个用墙围起来的下水系统，或人工建造，或将天然溪流改道
而建成。利用溪流做下水道是寺院选址的重要因素。教堂北面
如果建有女修道院（一般不这样规划），常常会在北面发现溪

科克斯托修道院

流。必要的话，溪流被一分为二，以便水流从厨房、医务室和后室下面经过。后来，有一些这样的水道可能被遮盖。许多所谓的"暗道"，都是这种古老的下水系统。异教徒们有时兴奋地发现，这些暗道似乎只是连接男女修道院，而不是为了通向河道。

　　从上方进行冲水的厕所很少见。但在圣阿尔班斯，修道院院长主持修建了一个石头的蓄水器，用于贮存雨水和冲洗一个"没有比它更漂亮、更奢侈的厕所"。他的前任在瑞德伯恩修道院时，曾经为自己建造了一个厕所，"因为以前的厕所同时为他和教友们服务，他们不得不当着他的面上厕所，因而感到很羞涩。"A.J. 兰姆在谈到1924年圣阿尔班斯出土的文物时说：

这里发现了一个深坑，长 18 英尺 8 英寸，宽 5 英尺 3 英寸；壁厚 15 英寸。深坑低于修道院建筑平面 25 英尺，坑底发现了一些陶器和粗布碎片。这些被认为是旧袍子，修道士们将其撕碎当手纸用的。有证据表明，修道士们患有消化方面的疾病，这在当时并不罕见。坑里发现了山榄籽——一种作用很强的泻药。

雷金纳德·雷诺兹说，在塞文河（Severn）上的廷特恩，人们“机智地用潮水冲洗修道院的堤坝，潮水最高时一定会把如厕的人从自己的便位上冲走”。

因此，除了没有热水系统，僧侣们具有现代卫生标准的一切基础设施，属于清洁与高雅的人群。

第四章　每个周六的夜晚

　　诺曼底人的城堡—水井—餐前洗仪—侍者—《礼仪大全》—背着人洗头—国王的壁橱—中世纪的盆架—浴盆—公共浴池—沐浴、就餐与音乐—皇家浴室—浴罐—乔叟的金属浴具—羞涩的回避—城堡的橱间—壕沟与凹槽—舒适的厕所—私人与公共坑厕—污染的水道—卫生法规—淘粪工—达·芬奇的厕所

34　在诺曼底人建造的用以抵御长久围困的城堡里，不仅在防卫区内，而且在最后的、最坚固的掩避所①里，水井都是必要的。在那里，用石头砌成的供水线会将井水引到二层或更高的地方，作为额外的防卫措施来抵御围困者从下面进行攻击。任何一层都可以取到水。在纽卡斯尔，井口设在掩避所的塔楼里，井口两侧的墙里有洗盆或凹槽，通过水管和水槽将水引到掩避所的其他部位。从 13 世纪末起，诺曼底人不再建造掩避所，所以水井一般打在一片空地的中间，或像卡那封的水井一样，设在一个专用的水塔里，通过一个水箱和石槽将水引向别处。

在城堡和庄园主的家里，虽然盥洗的常规不像修道院那么严格，但人们的习惯都比一般想象的要干净。在刀叉出现之前，人们用手指吃饭。每个用餐的人将手伸向同一盘菜，一片面包就是用餐者的盘子，这就使得饭前、饭后的洗手几乎不可避免。这个习惯可能比今天的人还要好。

> 请将盘子摆上桌，
> 铺好台布摆上盐。
> 做好准备来吃肉，
> 之前要用水洗手。

---

① 要塞最坚固的掩避所一般都在最高一层，英文原文是 keep，"坚持"的意思。

餐前洗手

提供盥洗（Donner à laver）成为一种礼仪，它是指餐前正规盥洗，而非指在厕所（se décrasser）用肥皂清洗。在餐桌上，一个重要人物可能会单独洗手，但与他人同盆洗手是表示他的礼貌。为异性洗手是一种愉悦，忽视或拒绝可能被视为有意污辱。清洗的方法是：下面接一个盆，用一个罐子将水从上面浇在手上。水 35里可能会放香料，或撒一些玫瑰花瓣，但不会将肥皂拿到餐桌上使用。[①] 装饰性金器、银器或镀银的洗盆和水罐属于早期发明。1365 年，安茹公爵拥有 60 多套这样的洗具。洗盆底部常常有一

———————————

① 英国首次生产肥皂是在 14 世纪，最初仅用于洗衣，十分粗糙。

个凸起的部分，上面常常画有主人的胳膊并且被镀上了光泽，水罐正好可以放在凸起的部位上面。不太重要的人物使用黄铜或铅锡合金制品。诺萨勒顿（Northallerton）的一位绅士在 1444 年所立的遗嘱中提到，他摆在大厅里的器皿当中，有 4 个这样的洗盆和 2 个水罐是用于餐前使用的。傅华萨在描述 1350 年的英国皇宫时曾提到国王与他人分享洗盆：

> 晚餐准备就绪时，国王洗了手，并让其他骑士们同盆洗手，使骑士们感受到了一种荣誉。

《七日谈》[①] 中的一段描述说明，这种礼遇不一定每次都用于女性：

> 绅士和布尔纳热的老爷洗完手之后，仆人将水端给这位太太，让她洗手，然后入席就餐。

这个洗手的程序可能延续了几千年；它与古希腊史诗《奥德赛》中的描述一模一样。书中马纳劳斯喊道："喂，再洗一下手我们就可以吃啦！"荷马不止一次地写到，在餐前女仆是如何"手捧贵重的金色水罐，在银盆上方为用餐的人倒水洗手"的。

---

① 《七日谈》：由七天连续所讲的故事而编串成的短篇小说集。作者是当时法国国王弗朗索瓦一世的姐姐，仿《十日谈》写成，在法国文学史上具有重要意义。

除了中世纪的水罐和洗盆之外，另一种洗具是双盆。服侍客人的正确方法是管家将两个盆全部放在旁边的台子上，其中一个用作盖子。进行清洗的信号一般是吹喇叭或乐师演奏乐曲。"午时，侍者吹起喇叭"，清洗在《狮心王理查》（*Richard Cœur de Lion*）的韵文小说中进行。"午时"指的是中午规定的时间或下午3点。专门负责清洗的侍者拿起双盆，管家打开盖子，检查是否忘记装水或放香料，然后侍者跪在客人面前，右手端着装水的盆，左手端着空盆，客人将手放在空盆之上，侍者将水倒在客人的手上。如果洗盆太大，僮仆则不易操作。为了倒水方便，盛水的盆上可能会有一个倒水嘴。拭巾搭在侍者的左臂上。一切做完之后，侍者将双盆交给管家——不能将盆扣上，这样是不妥当的。如果是很重要的客人，主人有可能亲自提供这些服务。

在《礼仪大全》一书中还规定了一些其他的就餐规矩：吃饭时不能与猫狗玩耍；指甲必须干净：

> 你的指甲要干净，以免他人讨厌你。

不得在桌子上吐东西：

> 吐在桌上或地上，会被认为很粗莽。

如果擤鼻，之后必须用裙子或披肩揩手：①

_____

① 此时手帕还没有问世。

> 如果鼻涕往下淌，
>
> 彻底清理须得当；
>
> 悄用裙子来擦拭，
>
> 漂亮披肩可用上。

37　　不许用刀子剔牙，也不许用台布清洁牙齿。另一本关于礼仪的书规定，如果在餐桌上漱口，不得将口中的水吐到洗盆里，而是要文雅地将水吐在地上。

　　过去人洗头常常是避人的。洗头的过程比"洗头"（laver la teste）一词的字面含义内容要多得多，所用的洗具却比餐桌上的洗具简单得多。洗盆浅而大，通常用铜、黄铜或锡制成，有时用银制成，内壁十分光亮，可以用作镜子。洗的时候将盆子放在地上，铺一个垫子，将腰部以上脱光，洗头的人跪在地上，现代人称之为半浴（harfabarf）。如果想彻底进行沐浴，他可以坐在盆里。这类洗盆和水罐都曾出现在古埃及和古希腊的绘画里。11 世纪的一份手稿中记载了一个设计非常精巧的洗盆，大概是赤陶做的，上面有一个空心的手柄，可以当作倒水的盆嘴。

　　这种洗盆可能就是为威斯敏斯特宫的橱柜所提供的洗具。1256 年，一份要求在洗具上做花纹装饰的订单中有这样的描述："国王习惯在这样的洗具中洗头。"在爱德华四世的《家规》（*Household Book*）一书中有这样的规定：

　　　如果洗头、洗腿或洗脚能使国王高兴，那么这种清洗应

背着人洗头

该在每周六晚上进行。如果剃须，工价是两条面包和一大罐红酒。

这里的条件句很值得注意。早在自来水出现之前，用于进行 38 清洗的固定石盆（lavatoria，lavabos，or lavers）就已经存在了。它们有时被称为"圣水盆"（bénitiers），严格的意义上是巨形圣水杯，但却不一定仅限于宗教的用途。丢勒在 1509 年所雕刻的"圣女的生活"中展示了一个装在壁龛中的水盆。盆的上方有一个挂钩，上面挂着一个便携的圆形的蓄水器，蓄水器上面有提手和出水口。毫无疑问，这是加热过的水。他还画了一条长拭巾，卷在滚筒上，样式与今天用的完全一样，只是滚筒上的拭巾不能无限抽取。在德国纽伦堡的丢勒故居（Dürerhaus），丢勒的书房中保存下来的遗物中有一个盥洗盆和拭巾滚筒。这些东西是否从 1509 年保存到现在，令人怀疑。木雕的构思就是从它们而来，但有人

丢勒木雕中的细节，1509 年

怀疑这些摆设有可能是按照木雕而做的复制品。另一种中世纪便携的盆架是木头或金属制成的，带一个铁盆、一个蓄水箱和一个 39 水龙头，下面的架子放肥皂或冲厕水，还有一个拭巾架。赖特 1862 年写的《家庭日常行为史》（*History of Domestic Manners*）中再现了一幅 14 世纪的装饰画。作者在描述这幅画时说，一个修女在睡前"摆弄她的灯"，并特别指出灯下的"架子"很难解释。这幅装饰画实际上画的是盥洗盆架，那盏"灯"实际上是蓄水器。

这些盥洗室有可能装饰得很美观。1288 年，威斯敏斯特宫曾为"一个小厅的盥洗室支付了 5 个铜币"用以改善它的外观，粉

修女"摆弄她的灯"

刷墙壁和为金属质地的花墙镀层。

　　中世纪有关礼仪的书一致要求人们每天早上洗手、洗脸、清洁牙齿。尽管有客人时，为客人提供沐浴被认为很礼貌，但并不坚持要人们洗澡。一位早期的作家曾反对那些浮华的丹麦人，

　　　　他们遵循自己国家的习惯，每天梳头，每周六洗澡，经常换衣服，用各种轻薄的手段来表现他们的美丽。

　　约翰国王每三个星期洗一次澡。可以想象，他的部下比他洗的次数要少得多。如同修道院的一样，国王的澡盆也是木制的。在桶匠那些标志性产品中常常可以见到这种澡盆。这种澡盆一般情况下是圆的，有时有所加长，如同今天的浴盆一样。加长的目

40

中世纪时期的洗盆，大约 1500 年

的不是让洗澡的人躺下，而是为了让其他的人也有地方洗。共用　41
澡盆有一个看似不妥但却很正当的原因，那就是提供热水十分困
难。没有任何一个家庭会在下水道冻结的情况下，每次汲取 30 加
仑（重 300 磅）的用水，然后再将脏水运走而不计人工成本。因
此，当时全家人与客人趁水热的时候共同沐浴是很平常的。很多
有关公用澡盆的图片都可以看到澡盆的上面放着一张托盘，托盘
里放着饭菜，也可能还有乐师伴奏以增加情趣。许多内科医生反
对在洗澡时过多地饮水。没有人对共同沐浴感到害羞。在 13 世纪
的一份手稿中有一张非常迷人的插图，上面画着一个从战马上跃
下的骑士在为他的妻子进行露天沐浴。另一张画着一个骑士，泡
在浴盆里，几个年轻的女人在为他淋洒玫瑰花瓣，相当于中世纪

战马上跃下的骑士为妻子沐浴

沐浴时往身上撒盐。在中世纪的奸情中，一对情人的夜晚往往是以共同沐浴开始的。至于得体与否，观念上与我们今天完全不同。在 16 世纪之前，人们睡觉一直都不穿睡衣。全家人和客人们共同睡在仅有的一间卧房里，裸体未必就是不礼貌。家庭生活似乎是奢侈与不便相互交织，而且很奇怪，人们对于暴露自己的隐私一点儿都无所谓。

42   木制的浴盆常常有一个具有装饰和保护性能的布篷顶，篷顶的里面有可能装衬。1403 年，佛兰德斯的玛格丽特公主买了 64 俄尔 ① 的普通布料（toille bourgeoise）用于充填两个浴盆的布篷子，红色的马林丝纱罗（Malines）用来做篷顶。为了给浴盆里蓄水和将浴盆里的水倾倒出去，必须做一个小的、木制的汲水器，就像一个微型浴盆，但只有一个手柄。与浴盆的手柄一样，该手柄是通过加长桶本身的一块板而制成。一张插图上显示，浴盆上有一个排污管，这种浴盆肯定节省了用桶汲水的劳力。

萨尔斯曼近期写了一本书，名叫《1540 年之前的英国建筑》（*Building in England down to 1540*）。书中首次披露了大量新的文献资料，使我们对早期沐浴有了新的了解。他的研究显示，人工储水的浴盆绝对不是当时最好的东西。至少在一些皇家的浴室里当时有镶入的固定浴池，瓷砖的池底，浴垫、加热系统，甚至冷热自来水。在威斯敏斯特宫，1275 年金匠罗伯特为浴室的一个盥

———————————

① 俄尔，欧洲早期的量布单位，各国算法不同。在荷兰，1 俄尔 =27 荷兰寸，在英国，1 俄尔 =45 英寸。

洗设施制作了一个龙头，挣了 14 先令；为浴池做了 4 个镀金的青铜龙头和 4 个豹子图案，挣了 26 先令 8 便士。到 1351 年时，宫中的浴池有了冷热水，因为罗伯特为国王的浴盆做了"两个大的青铜龙头，以便向浴盆中输水"，这个项目使他挣了 56 先令 8 便士。书中还提到，在朗莱"有一个方形的，用于加热沐浴用水的铅制水箱"，箱中的水有可能用管道直接引到浴池，但更有可能是用罐子将箱中的水运送到浴池，或者在锅炉上直接加热。巴德菲尔德猎园的浴池购买了 41 个陶瓷罐，每个价值 18 便士，而温莎的浴池则买了 125 个，每个只有 8 便士。1391 年，国王在温莎的浴池被重新修建，一个叫作约翰·布朗的车夫从法恩巴勒（Farnborough）运送了至少 229 个水罐到温莎城堡。爱尔萨姆的陶工约翰·朱里为浴池提供了 120 个水罐，托马斯·梅森"做了浴池的墙壁，2 个水箱和 120 个水罐"，他挣了 4 英镑。1325 年，一则威斯敏斯特宫事记载中有这样的话：

　　威廉·温切尔斯（William de Wynchelse）做了 3 块浴室顶篷装饰板和浴盆的花边，18 便士。该浴盆长 6 英尺，宽 2.5 英尺，用于做顶篷的 3 块橡木板，3 先令。

　　……用于加热和烘干浴室的 100 捆柴，3 先令。一个圆桶，两个提桶和一个钵，用于向浴室送水……木工做顶篷和浴盆前面的隔板——6 块石头用做隔板前的背板……2250 块地砖用来铺设国王在一层房间的地面……24 个垫子，2 便士一个，天冷的时候铺在地上。

43

汲水桶

沐浴与罪恶

44

中世纪的浴盆

45

中世纪的浴盆

关于浴室的英文拼法有很多种，例如：stewes，stues，stywes，styuez，stuuys 等等。15 世纪末，已经发明了水泵，水泵的拼法也 46 有很多种，例如：pimp，pymps，water pompe，plump-maker 等。

有人曾经引用过乔叟①的诗，用以说明他那个时代已有了金属浴具。乔叟在《第二个修女的故事》（*The Second Nun's Tale*）中，讲到了圣塞西莉亚在浴盆中：

> ……紧紧闭，
>
> 大火日夜在下燃。
>
> 夜长长，日长长，
>
> 火不停，汽不停，
>
> 她坐盆中不觉寒，
>
> 可也不流一滴汗。

有人说这样在火上直接加热的浴具一定是金属的。但这位圣塞西莉亚（我们知道至少有两位叫此名的妇人）是一位大约公元200 年的罗马妇人。诗中的 shut fast［紧闭］和 sweat［发汗］一定是一般罗马人用的热浴室。乔叟的金属浴具是不能蓄水的。

为了避免直接说厕所，英国的上层有很多委婉的说法。但人们惊奇地发现，这个被忌讳的词在中世纪社会中早已广泛被使用 47 了。就像我们今天小声对别人说"厕所"一样，即使在上层人士

---

① 乔叟（1340—1400），英国著名诗人。

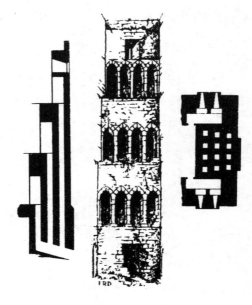

朗莱城堡的厕所

南井官的厕所

之间，修道士们之间，人们也情愿使用更现实的说法，而不是用一些拐弯抹角的词，例如："需处"，或"需室"，或更怪僻的"橱间"。"橱间"一定是作为中世纪可以接受的厕所名称而使用的。

在大宅院或城堡里，许多橱间常常建在宽厚的墙壁里，每个橱间的石制或木制的便位下面都有各自的立式排污道。只有一个便位的橱间有时会建在拱形墙壁的地方，就像斯托克塞的一样，

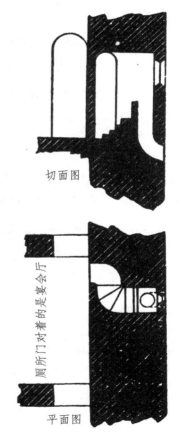

切面图

厕所门对着的是宴会厅

平面图

伦敦塔的厕所

或在突出的角楼上用石头砌出一个没有污道的、直接向外排放的橱间。同一层建筑有时可以有几个橱间，以及多个排列整齐的污道，如同烟囱的管道一样。在诺森伯兰的朗莱城堡，三层建筑的每一层都有 4 个这样排列的橱间，被认为是主体建筑的一大风采。在博地亚姆城堡，橱间里至少有 20 个便位可供选择。在南井宫（Southwell Palace），几个橱间共用一个排污道，便位排列向外呈辐射形，面向一个环形通道，人们交谈时可以相互听到声音，但见不到人影。这些地方以及许多城堡的重要房间里都有橱间。有的如同伦敦塔的橱间一样，设在餐厅附近一个很方便的地方。伦敦塔的这种橱间是建在墙壁里的一个窄小的设施，大约宽 3 英尺，有一个窄小的窗户。在一块高出地面许多、与橱间同宽的石头上面大概曾经放过木制的坐器。一个不长的排污道通过一个孔将污物顺墙面排放到下面的壕沟里。过去的壕沟是用来防御的，而现在，壕沟里的臭气也具有了强大的攻击性。1313 年，威廉·德·诺维科爵士（Sir William de Norwico）下令筑一堵墙来遮挡城堡掩蔽所的橱间出口溢出的臭气。

《国家史迹及自然保护组织手册》中提到的许多所谓"暗道"、"牧师洞"①、"讲堂"②、"单祈间"③，实际上都是指厕所。比如

----

① 原文为 hiding holes, priest's holes，英国早期罗马天主教牧师藏身的地方，一般建在墙体之中，有人要抓他们时，就可以从这些暗道逃跑。后来用作厕所的委婉说法。

② 原文为 oratories，原意为英国早期天主教牧师讲演的小教堂。后被蔑用指厕所。

③ 原文为 private chapel，原意为教堂附设的供私下祈祷用的房间。后来被蔑用指厕所。

在距罗伊斯顿（Royston）不远的阿宾顿·皮戈奥兹，那里单祈间里的"祭坛"下面就有一个厕所。

在没有溪水或壕沟的情况下，厕所的厕位下面可能会放置一 49 个可以移动的桶，或一个凹槽，就像 1239 年埃弗斯维尔为皇室厕所购买的一样，或在地下挖一个凹槽。约克城堡在爱德华三世时曾花 10 先令挖过一个这样的槽。1281 年，新门监狱的一则清厕记录说明了清理这些凹槽意味着什么。13 个人用 5 个晚上的时间清理"阴沟"，计划费用 4 镑 7 先令 8 便士。这在当时算是很高的报酬，但那些人的实际报酬是这个数字的 3 倍，每人每晚还有 6 便士的小费。与此同时，还有 4 个人看管刨开的围墙以防犯人逃跑，这项费用另计。与防止逃跑的做法相反，当亨利三世让萨里（Surrey）的司法长官在吉尔福德修建一间厕所与一层的大殿相连接的时候，操作的人在坑道的出口用铁栅栏阻止外人进入。亨利国王并没有对巡视官发布更具体的指令，他只是说："我们厕所的下水道要像一个空心柱子一样，在依莱（Ely）的约翰会详细告诉你们。"

这种厕所常常是旱厕，因为里面没有水箱。但这些厕所有的会建在烟囱的前壁里，因为那里暖和。国王在温切斯特的厕所就建在烟囱的前壁里。厕所的凹槽或污水道经常设置在厨房的烟道处，大概是出于这方面的考虑，而不是通常人们想象的，是为了同时放置厨房的垃圾。不要想象中世纪城堡中的房间都像我们今天看到的一样，又冷又阴，除了石头框架之外什么都没有。现代建筑中的任何房间在闲置几百年之后，它的窗户、灰泥、木制品

古老的伦敦桥

和家具都会毁坏，只剩下坚固的外壳，看上去都会很凄凉。我们只能猜测过去的这些厕所里可能有些什么设施。设施好的厕所里应该是墙上有护壁板，地下有脚垫，或许还有手纸和书架，足够舒适了。在《圣格里高利的一生》（*The Life of St. Gregory*）一书中，这样的地方被认为是读书时不被打扰的最好去处。

1246 年国王给爱德华·菲茨奥索下了一道圣旨：

我们在伦敦壁橱里的厕所位置不好，所以气味很难闻。

出于对你的信任与爱护，以及你对我们的责任与义务，我们命令你不失时机地，在同一壁橱里选一个地方，重新建造一个更恰当的厕所，即使花费 100 英镑也在所不惜。

因为是宫廷的厕所，所以即使当时的 100 英镑相当于今天的 4500 英镑，也在所不惜。

还有一些级别稍低的法令是针对私人坑厕的。1189 年的《住 50 房法》规定，如果没有围墙的话，厕所的凹槽距离分界线至少 5.5 英尺，如果有围墙，至少 2.2 英尺。当时除了有私人坑厕外，还有公共坑厕。1291 年，约翰·阿拜登（John de Abydon）从菲利浦斯街（Philips Lane）街口的伦敦墙（London Wall）里的公用坑厕出来时受到流氓的攻击而死亡。其他有记载的公厕有三处：一处是航舰街南端皮尔寺院的“四位坑厕”，建于泰晤士河上，有屋顶；另一处建在昆希斯一个露天下水道上；还有一处是供伦敦桥上的居民使用的。伦敦桥上有 138 户居民。尽管很多人毫无疑问地利用所处地段就地方便，大有“冲垮桥梁”的危险，但如厕率仍然很高。人们常说，建造伦敦桥就是“让聪明人走桥上，让笨蛋走桥下”的。伦敦桥的公厕有两个门。有记载说，1306 年的一 51 天，一个债务人在此甩掉了追赶他的债权人。

伦敦的河流上面都建有厕所，例如航舰河和沃尔溪河。长期以来，这些厕所臭气熏天。怀特修道院的修道士们向国王和议会抗议，说航舰河长期发出的腐臭压过了他们供台上点的蓝丹香，导致了许多教友们的死亡。讲述此事的斯托还说，曾经位于干净

15 世纪的厕所

的界河边上的舍伯恩街，1300 年时已经变成了一条粪便街。1321年，有人抱怨说，伦敦一条名叫潮水门的街道被悬空的坑厕所产生的粪便"堵塞"。在可能面对这种危险的情况下，我们会像A.J.兰姆一样，同情

> 那位聪明的女人，她修建了自己的厕所，将其与向外排泄雨水的木制管道相连。遗憾的是，当管道堵塞时，邻居们的抱怨使这个不幸的女人遭到严厉的控告。

52 　大约到了 14 世纪中叶，黑死病发展到了最严重的时期，吞噬

了英国三分之一的人口，人们开始注意疾病发生的原因。距怀特修道院修道士们的抗议相隔六十年之后，清理"严重腐臭"的航舰河被列入爱德华三世颁布的卫生法规之中。航舰河上不得再建厕所，其他临近水道的厕所也不允许修建。公厕的主人每年要支付两先令的公共卫生清理费。与潮水门的排污系统相比，粪坑相对要好得多。1370 年，伦敦的 18 家商店在修建时签下了一份合同，石匠必须"修建 10 座厕所凹槽，其中 8 座两家合用，每座深 10 英尺，长 10 英尺，宽 11 英尺"。

这些尺寸宽大的粪坑迟早会被淘粪工人清理，这是一个收入颇高、应该多付工钱的行业。昆伯罗城堡的厕所是按照 1375 年的卫生标准改建的。那里的清洁工作是由两个名字颇为有趣的人合作完成的，一个叫威廉·莫克英（William Mokking），另一个叫尼克拉斯·瑞切安古德（Nicholas Richeandgood）。[①] 淘粪工人似乎已经习惯做这件令人讨厌的工作。有一则故事讲述一位工人在

淘粪工作

---

① Mokking，mocking 的古拼法，意思为嘲笑，要弄；Richeandgood，由 rich-and-good 这 3 个词组成，意思为富有和美好。

工作之余抱怨蜡烛令人窒息的味道，而不是粪便。1450 年有一则关于一些房屋修缮的记载，其中有这样的话："淘一个厕所，将里面的粪便清理出去。淘坑的报酬是 5 先令 6 便士……运送 5 吨的粪便是 17 先令。"

同一份记载中还说到，要"为厕所修一个通风口，以排出臭气"。人们已经开始意识到，"一个明智的建筑者会将厕所建在看不见和闻不到的地方。"

53 　　早在 1449 年，圣马丁教区一个名为托马斯·布赖特菲尔德的人就修建了一座某种意义上的水厕。该厕所用水管将水箱的水引来冲厕，但由于过于超前而无人模仿。直到 1579 年，伦敦塔街和奥尔海洛斯街的近 60 户居民仍然仅有 3 座厕所。

清洗与搓洗

　　我们不应该仅仅依据这些气味不好的厕所来判断当时的卫生环境。历史档案中有许多关于在公共场所大小便、居民们为此而抱怨，以及为此而打官司的记载，但每一个肮脏厕所的背后可能有99个高雅的厕所。

　　莱昂纳多·达·芬奇是位多产的发明家。他在关于建设"十座新城市"（比特里斯坦·爱德华兹的想法要早）的建议中提出了一个目标，那就是"将那些像羊群一样居住拥挤、向空气中散发恶臭、传播瘟疫和死亡的人类分散开来"。在他的这些城市设计中，所有私人厕所和公共厕所的下水道，所有垃圾和城市街道清扫出来的脏物，都通过管道排入河流；所有供人居住的房屋的楼梯都必须建成螺旋形的，以防有人不正当地使用楼梯平台而造成不卫生。达·芬奇还发明了一种可以折叠的坐便，"使用时必须倒过来，像修道院的小窗户，反向用力便可以使其恢复原状。"他在浴室方面也颇有创造：当伊莎贝拉·达拉哥娜要在科特维基亚建 54 造一个浴室时，他绘制了一个可以提供预先调配好温度的热水系统。他计算出用3分热水配4分冷水调出的水温最适合沐浴。他向安布瓦斯城堡的弗朗索瓦一世提议修建一些水厕，在墙壁里安装水道以便冲洗，同时安装直达屋顶的通气管道，由于人们总是爱把门开着，平衡的力量会使风口自动关闭。这些发明就像他的飞行器、降落伞、军用坦克、机关枪和潜水艇一样，尽管有可能造福人类，但却仅仅停留在设想阶段而已。人类还要等待很长的时间水厕才会出现。

第五章　巴斯勋爵与妓院，
　　水房与羽管

洗手仪式—彼拉多象征性的洗手—迦梨神捉住了那罗拉王—
印度人与婆罗门—神圣的恒河—拉普兰与俄罗斯浸礼—牛尿、牛
血、泥巴、沥青—不洁的圣物—渔夫们的运气—求雨—巴斯勋
爵—洗澡堂—窑子与妓院—澡堂的衰败—中世纪伦敦的供水系
统—木制管道—水房—水价—泄漏问题—威斯敏斯特官的管道
工—都柏林—赫尔—捣蛋的威廉·坎皮恩—淌酒的水道—伦敦桥
的抽水设施—布尔默的引擎—米德尔顿的运河—羽管——尊贵的
管道工人协会

沐浴与清洗在宗教信仰、武士制度和法术中一直具有特殊的　56
礼仪作用，与身体的洁净没有任何关系。洗手仪式 Ablution 是其
最恰当的专用名词。该词的意思常常因为被现代野营的人们或兵
营的人误用而变得模糊。一位飞行中士对本作者说："本人要求
（他们）彻底清洗（ablution）以保持个人卫生。"意思是那些军人
需要一个进行清洗身体的地方。然而，"洗手仪式"的目的不是洗
去灰尘，而是洗去那些看不见的，因触摸死人、婴儿生产、凶杀、
下层人、疯子或疾病而沾染的脏物。

> 彼拉多见说也无济于事，反要生乱，就拿水在众人面前
> 洗手，说："流着义人的血，罪不在我。"①

假如彼拉多仅仅说了那些话，我们或许不会像现在这样原谅
他，仪式的全部意义就在于人们希望看到那个象征性的、令人难
忘的举动——洗手。

杰弗里·阿什说婆罗门讲述过一个尼奢陀（Nishadhas）国王
那罗的故事来警示大家：迦梨神已经监督那罗十二年，最后终于
抓住了他不在规定的时间洗脚的把柄。那罗立即就成了一个倒霉
的人。迦梨将自己化装成了一个骰子，那罗又一次赌博时，输光

---

① 作者引用的是《新约·马太福音》，27:24。引文中"义人"指的是基督。

了所有的东西，只剩下遮羞布。几千年来，正统的印度人一直用小罐子向自己的身上洒水，任何清洗的结果仅仅是精神上的。甘地在他的自传中也提到过一个婆罗门，"他会向自己的身上泼水，但从来不洗澡。"人们只需看一看、闻一闻恒河的味道，就会知道，众人在位于贝拿勒斯一段的圣河中浸泡与卫生没有任何联系。

57　　　根据我们的调查，拉普兰地区每年的宗教沐浴就是在冻河的冰窟窿里浸礼三次。俄罗斯新生的婴儿同样也要在冻结的涅瓦河中浸礼，可以肯定地说，今天的人是不会鼓励这样做的。

　　水是人们最早选用，也是最普遍用来净手的液体，但也有用母牛的尿液和血来代替水的。用过的液体必须妥善处理以使罪恶随之而去。德摩斯梯尼说过："清洗初入世道的人，应该用泥和沥青把他们擦洗干净。"即便是圣物，在进行清洗仪式之前，有时也被认为是不洁的、普通的、危险的消极物品。希伯来的牧师在拿《圣经》之前或之后都必须洗手。最严格的、宗教意义上的洗手是指牧师在象征性的圣餐之后清洗手指。类似的习俗在全世界很普遍。英国广播公司最近的一则报导说，米尔福德港的渔夫们在打鱼运气好的情况下不清洗，原因是怕"洗去运气"。沐浴在行善的法术中是很常用的，例如求老天降雨。在武士礼仪中也有作用。

　　那个把"嘉德勋章"① 与某个女人的吊袜带联系起来的故事并不可靠。但"巴斯勋爵"确实是"浴池中的骑士"的意思，以致很多新勋爵得知后感到十分好奇。它最早的出处据说是亨利四世

――――――――――

　　① 嘉德勋位是英国最高的勋位。英文 garter 既有嘉德勋位，勋章的意思，又有女人的吊袜带的意思，所以有人试图用一个故事来讲述两个意思之间的联系。

1399 年即位时自己设计的一个仪式。登基开始时，登基人由两位"德高望重、教养良好、身穿盔甲的骑士"陪同，在他们的指导之下，理发师给亨利剃须、理发，然后把他带到一个"内外都挂着很多亚麻布和华丽服装的浴池"。他们给他脱衣，将他放入浴池。没有提到使用热水。亨利在浴池中沐浴的时候，两位"古代庄重的骑士"来到他的面前，"告诉、指示并劝他触摸那枚勋章和甲衣"，他们向他浇了更多的水之后便退去了。他被人从浴池中湿淋淋地拽上来，带到一个普通的、设有帐子的床上，在那里将身体晾干，然后两位骑士给他穿上白色的衬衣和"一件黄褐色的长袖袍子，袍子上有一顶帽子，就像盔甲上的帽子一样"。古代骑士再度出现，带他去教堂。国王的骑士们走在亨利和古代骑士的前面，"戏耍、跳舞，乐师们演奏着音乐"。在品尝了圣餐之后，古代骑士离去，只剩下亨利和他的骑士、牧师、蜡烛师和守卫，他们要

浴室

体内有酒，体外有水

一直守卫到太阳升起的时候。勋爵的授予仪式在上午进行。仪式比之前的准备过程要简单得多。

东征的十字军返回后，一些人积极传播"土耳其沐浴"的快 58 乐。罗马人占领时期过后，被英国人遗忘的群体沐浴又重新受到青睐。一个名为"沐浴伙伴"的澡堂采用一个土耳其人的头像做宣传，表示这种沐浴方式是从东方引进的。18 世纪在圣詹姆士街修建的一处浴室，至今仍被称为"土耳其人头"。这种土耳其式沐浴基本上是群体沐浴。伊斯兰人从来不接受并且反对盆浴，因为盆浴的人是泡在自己洗下来的脏水里，但他们显然对泡在他人的脏水里并不介意。在理查二世统治时期，伦敦的澡堂归市长威廉·沃尔沃斯所有，仅在苏斯华克就不少于 18 座。苏斯华克靠河的地方有一条街叫"河岸街"，后来以"澡堂街"而闻名。就连从上泰晤士街通往苏斯华克对面一处河岸的小巷也被称为"澡堂巷"。烘烤房的那些炉工们属于"理发师行会"。为了利用烘烤房的热能，他们增加了剪头、剃须、拔火罐、放血以及其他一些小型服务项目。水烧热了的时候，男孩子们在各街道奔跑，告诉人们水热了。厨房做饭时产生的多余蒸汽有时也用来沐浴，很像今天巴特西（Battersea）电站发电时产生的多余的热水可以用来供河对面的居民们使用一样。当时所要做的，就是在烤房与浴室之间接一个管道。沐浴行会的人对于烘烤行会的人抢夺他们的生意感到十分气愤。

德国画家丢勒画过不少浴室里的景象。在他的家乡纽伦堡，59 歌唱家们在浴室里练歌。他们甚至还有专门沐浴的歌：

体内有酒，体外有水，

我们欢乐无限美。

60　　但不到一个世纪，公共澡堂又消失了。消失的原因有三个。首先是由于城市不断向外扩大，森林减少，用来烧水的木柴离城市越来越远，纽卡斯尔廉价的"海煤"还没有开发。第二个原因是浴室里不道德的生意激起了教会的反对："stews"，"bagnio"，"bordello"这些原意为"浴室"、"澡堂"、"小屋"的词，意思变成了"妓院"、"窑子"、"淫舍"，这些词意持续至今。最重要的

1496 年丢勒所作：女人沐浴

男浴侍为妇人拔罐

是，瘟疫以及其他传染病吓跑了澡堂的顾客。亨利八世在位期间颁布法令，澡堂被强行关闭，长达150年不得开放。偶有开放，也管制得相当严格。斯托引用了管制条例中的一则：

> 同时，有下列违法行为的人将被处以20英镑的罚金：任何家庭开设的、供男人们戏耍和保健的澡堂或浴室，如果被用作与妓女、名誉不佳或名声显赫的女人通奸；任何法律允许为妇女开设的澡堂或浴室，如果招收任何年轻男侍、或任何名誉不佳或有此嫌疑的男人；任何个人开设的澡堂或浴室，无论是男人的还是女人的，如果大臣依据本市有关夜间居住与个人行为规范的法规，怀疑其行为不轨、或违反了法规。

法国也有同样的问题，在那里"蒸汽浴大街"（*Rue des*

Étuves）至今仍然是一个普遍使用的街名。在里昂，浴室附近的居民们抱怨说，那里充满了吵闹、喧嚣、激烈的殴斗、凶杀、各种坏榜样以及各种危险和不便。1538年，浴室被弗朗索瓦一世全部拆毁。群体沐浴消失得如此彻底，以至17世纪时，它又作为一种新的外国奢侈和享受方式重新被介绍到英国，并在18世纪末达到高潮。然而在那个时候，几乎没有人在意人体的洁净与否，沐浴只是一个治病的过程，而不是一个清洁的过程。

62　　　中世纪的伦敦有很多水源。一个虔诚的、头脑简单的修道士曾经让他的听众注意观察一种现象，那就是仁慈的上帝几乎总是

浴室：拔罐情景

在任何大一点儿的城市之中造一条河，以便让那里的居民们得益。依据这条标准，上帝对伦敦的恩慈是其他城市的三倍。据斯托记载，在诺曼底人征服英国后的二百年间，伦敦的水源有三条河流，一条是泰晤士河，一条是航舰河，另一条是沃尔溪河。二百年之后，伦敦的水就不能喝了。12世纪的威廉·菲茨斯蒂芬[①]提到过当时的郊区有"最好的水井，井里的水甘甜、卫生、清澈。"这些"水井"实际上是天然泉水。有一些泉水被认为很神圣，例如圣泉和克拉肯泉。从很早的时候起，伦敦就有人工水井，数量之多令人惊奇。当瓦特林街在伦敦大火之后被清理的时候，人们发现了9户毗邻的人家使用的9眼水井。1237年，吉尔伯特·德·桑德弗在国王的要求下，将自己位于马里勒伯恩的泰伯恩领地上的所有泉眼与河流交给市政使用。从此，首例管道供水系统便诞生了。德·桑德弗允许那些铅制的管道经由他的领地通往伦敦，并认可市政方面有权在取水地点修理供水管道和水塔。一些伦敦的主要供水管道像当初罗马人的一样，是用带皮的空心橡树树干制成的，采用细端口插入粗端口的方法连接，然后用铁丝捆绑。橡树主干的直度与长度以及防水的特性，使得橡木成为最适合制作管道的材料。根据记载，木制管道的内径2至10英寸不等，长度10至22英尺不等。用来打孔的机器是用水力驱动的。Y形和T形的分叉管道中，少数是用天然树杈做的，多数是用铅做的，瓦做的则比较少。

---

　　① 　William Fitzsfephen，大主教圣托马斯·巴克特的雇员之一。亨利二世封他为格拉斯特地区的治安长官，曾撰写过12世纪时伦敦的城市生活。

有许多"水房"提供自来水。契普塞德的大水房是一座石头建筑，里面有一个大石盆，后来又修了一个铅制的水箱，水是从3.5英里之外的泰伯恩引来的。所有用户每年的水费5先令到6先令8便士不等。14世纪时，航舰街常常因主管道破裂而发生水灾，因为当时的管道已经使用一百多年了。1378年，这条管道延伸到科恩希尔，把那里一座名为唐恩（Tun）的小型监狱改建成了一个简易的水房。

威斯敏斯特宫的水引自帕丁顿的西伯恩。这项工程大约从1233年开始。当年著名的管道制作大师威廉（William）接到皇家的指示："按照我们说的那样把水引到我们威斯敏斯特皇宫里来。"当时的管道"比粗羽毛管粗不了多少"。1373年时的管道施工方面有许多麻烦。当皇室的人找来5个人检查管道时，只知道"管道泄漏，却不知道在何处泄漏，只知道水没有引到威斯敏斯特宫"。第二周这5个人又来检查，"因为大厅、厨房里都没有水，管道还是不通。"显然，多少个世纪以来，我们一直可以听到关于管道的各种抱怨，以及对英国管道工人的各种批评。

威斯敏斯特地区的居民被恩准可以使用皇宫供水系统提供的水，正如僧侣们让居民们使用他们多余的水一样。但在都柏林却恰恰相反。15世纪时都柏林的供水系统是"由公民们出钱建造的"，而市政方面却恩准修道院使用这个系统。都柏林的主要管道的直径标准是5英寸，但房子里的管道标准"不得大于男人的小拇指"，后来又说应该"相当于大雁的羽毛管"。所以支管就被称为"羽管"。

在赫尔，13 世纪的供水很糟，有时甚至需要乘船越过洪贝尔河（Humber）到泉边用木桶取水。缺水的村民们为了报复，将死去的牲畜扔进水道发泄怨气。直到一些不断抗议的人在约克被绞死之后，一项使用安拉比泉水的计划才得以实施。

1478 年 11 月，捣蛋的威廉·坎皮恩违法在管道上安装龙头，将水引入航舰街上自己的家中。对他的惩罚方式很适合他所犯的罪行：他骑在马背上，被牵着在寒冷中游街，头上顶着一个像管 64 道一样的器皿，里面装满了水。水从一个小管子里像雨一样不断流下来。当水流完了之后，新的水又被装进去。

在伊丽莎白统治时期，在教堂作弥撒时不得使用水房。如果教区的执事在这段时间发现那里有水桶或水瓢，他会将其没收，直到有人为它支付 4 便士的罚金。为了特殊的庆祝活动，例如庆祝胜利或国王加冕，水房的管道有时淌出来的是酒。当然流量不像人们想象的如水流那么大。其做法是，将水源切断，把一根很细的管子插入酒桶，然后再接到出水口，酒就从那里流淌出来。在伦敦大火期间，绝大部分水房被烧毁，有几个后来被重建，一些被保留下来的水房一直用到 19 世纪。

彼得·摩瑞斯是一位荷兰人。1582 年他曾经为伦敦桥的一个 65 桥拱做过一台水车，带动一个水泵，将泰晤士河的水输往市区。这台水车有足够的力量可以使喷出的水跃过圣马格努斯教堂的塔尖。我们还从其他地方得知，曾经有一条铅制管道从该教堂的塔尖上经过。但是，除非塔尖上有一个储水箱，否则从塔尖上走水管似乎没有什么意义。这一条记载没有提到塔尖上有水箱，但提

中世纪的送水工

到后来专门修建的水塔上有水箱。将水喷过塔尖的做法有可能仅仅是在做试验。现在塔尖上保留下来的水箱是雷恩（Wren）后来制作的，容量比较大。考古研究者亚伯拉罕·弗莱明注意到

被闲置的第一条主管道于 1582 年圣诞节前夜首次使用。通往城市的主管道变成了一条标准的、有数个喷口向四个方向供水的管道，居民往家里打水有充足的水源。这是一件对城市很有利的事。

最终伦敦桥有 5 个桥拱装了水车。船夫们抱怨它们碍事，运水的人抱怨竞争太厉害。这些抽水设施一直使用到 1822 年。

在布鲁肯瓦夫，1594 年一位名叫比维思·布尔默的人制造了一台用马带动的"引擎"，向管道系统已经落后的契普塞德和航舰街提供未经净化的泰晤士河水。泰晤士河水已经很久不能饮用了。伦敦市民必须像古罗马人一样，从很远的高处取水，以便水可以利用地球的引力流向伦敦。1613 年，休·米德尔顿通过一条长 38 英里的人工运河——新河，将哈特福德郡的查德威尔河先引到萨德勒威尔的新河源头，然后再将水输往伦敦。至今伦敦水务局的首脑机关和实验室所在地仍被称作"新河源"。萨德勒威尔的主管道是木制的，向伦敦高处居民家的一层和低处居民家的高层房间供水。600 名工人干了五年才完成这项工程。毫无疑问，运河的水可以用来洗澡、洗衣，也有人向其中倾倒垃圾。尽管如此，新河还是比泰晤士河干净了许多。詹姆士一世在此工程上有一半功劳，被誉为第一位掉入新河的人。一个被称为"詹姆士 & 米德尔顿"的公司颁发了一份典型的租赁契约，上面写着：

> 用户可以将两个最小的天鹅颈粗细的龙头接到一条内径为 1 英寸的管道上，把水引到他们的院子和厨房里。每年的费用为 26 先令 8 便士。

在 17 世纪之前，这种向个体供水的服务很少见。科巴姆勋爵 66 1592 年请求从路德盖特水房里接一根羽管到他的家里，但遭到了拒绝。1608 年，伦敦市长命令将通往埃塞克斯宅院和伯利勋爵家中的水管卡断，原因是他们有浪费的习惯。从 17 世纪到 19 世纪早期，一般情况下，家庭取水的时间都是定时的。

　　尊贵的管道工协会是"一个庞大的、值得纪念的古代组织，以管道工的名义保持友谊与兄弟般的关系"。国王詹姆士一世就任后的第九年发出特许状，允许他们成为法定组织。特许状不允许其他人使用这种技艺，否则视为违法。在行会博物馆（Guildhall Library）今天还可以看到这份特许状。同样，也可以看到古老的《法本》（*Book of Ordinances*）、1365 年爱德华三世时期的三十八卷本和 1520 年亨利八世时期的十一卷本。这些都说明，管道技术是一门古老的工艺。管道工会会所位于布什巷（Bush Lane），原火炮街（Cannon Street）车站的旧址上。他们的整套工具在那里展出。

　　一个镶金的、黑色倒置的 V 形量器，两侧的铅垂吊线呈蓝色，所有这些占据了展品保护罩上部大约三分之一的地方。保护罩下部放的是一个水平仪，两根铁焊棒呈 X 形，下面放着两样工具，切割刀在右边，刮刀在左边。

第六章　肮脏的日子

教皇的小浴室—伊拉斯谟的一封信—*Sordes Non Nominandas*—皇家坐便—路易十一买艾菊—詹姆士五世买绿缎—皇家的箱匠—国王殿下的坐便—约翰·哈灵顿先生—阿贾克斯的魔术—完美厕所的平面设计图—护理园里神学—虔诚的神父—喜欢你干净—王后每月一浴—寺院的消失—两个肮脏的世纪—培根爵士没有肥皂—粗鲁、野蛮的嫖客在牛津—佩皮斯漂亮的封闭坐便—佩皮斯的粪坑—佩皮斯妻子的决心—倒粪了！—笛福论苏格兰人—荷加斯—谁雇我？—约翰逊论苏格兰人—救星桑克斯

68 　　克莱芒七世是 1523 至 1534 年的罗马教皇，也是一位医生，一位很有品味的人。在罗马的圣安基洛城堡至今仍然可以见到他的小浴室，里面有大理石的浴盆，冷热供水管道，热蒸汽按照古罗马的方式在墙的后面和杰罗拉摩·罗马尼诺的壁画后面进行循环。主教当时虽然在精神上指点着宗教改革之前的英国，但却忽视了他们的卫生。随着 16 世纪的到来，英国进入了一个肮脏的时期。伊拉斯谟约在 1530 年给红衣主教沃尔塞（Cardinal Wolsey）的医生写了一封信，信中描述了英格兰住房中到处充满垃圾的泥土地面，所用的语言即使经过翻译也不会丧失原有的味道：

> *Tum sola fere sunt argilla, tum scirpis palustribus, qui subinde sic renovantur, ut fundamentum maneat aliquoties, annos viginti, sub se fovens sputa, vomitus, mictum canum et hominum, projectam cervisiam, et piscium reliquias, aliasque sordes non nominandas. Hinc mutato coelo vapor quidam exhalatur, mea sententia minime salubris humano corpori.*

　　简言之，这段话的意思是，房间的地面需要清扫。饭前仍需要洗手的程序。直到 17 世纪叉子普及之后，这个麻烦的程序才失去了它的必要性。

　　此时已不再建造中世纪的厕所，封闭式坐便替代了厕所。原

大约 1530 年时罗马安基洛城堡教皇克莱芒七世的浴室

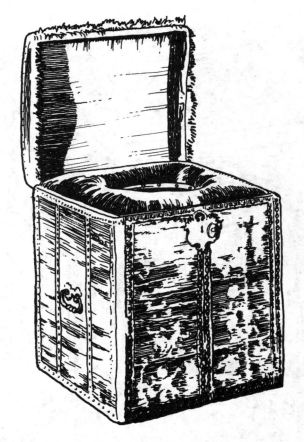

汉普敦皇宫的皇家封闭式坐便（约公元 1600 年）

因并不是因为封闭式坐便比厕所更卫生，而是因为使用者觉得舒适。然而服务者却觉得不便。一些皇家的坐便很适合国王使用，至少看上去是这样。法国路易十一的房间里有一个凹进去的地方（*retraict*），里面有一个铁做的架子，上面有帘子，用来遮住坐便。他很明智，经常让人采购一些艾菊和其他草本来改善空气。苏格兰国王詹姆士五世的"舒适坐便"也做了一个这样的帘子，用

去 15.5 俄尔的绿缎，花费了 52 镑 2 先令 6 便士。许多封闭式坐 70
便是由箱匠们做的。这些箱匠专门为皇家制作放置贵重物品的箱
子。这笔生意长期由格林家族承担，他们是皮货商协会的重要成
员，名字经常出现在皇室家族的账本上。1547 年，一个为王室制
作的封闭坐便外部装饰着天鹅绒、彩带、镶边和 2000 个镀金的钉
子。座位和扶手为白色织物，里面用羽绒填充。这个坐便看上去
像一个带盖儿的盒子，由两个夹衬黑棉的皮制箱体用皮带连接而
成，一个用来坐，一个用来放装粪便的钵和贮水箱，似乎是一个
便携式的水厕。亨利八世出行时极有可能携带这个厕所。有一个
坐便至今仍在汉普敦宫中保存，也许伊丽莎白一世或詹姆士一世 71
二人先后都曾在上面坐过。这个坐便的外部是深红色天鹅绒，同
样用带子和镀金的钉子固定，有用于搬动的手柄，落座的部分填
有鹅绒，盖子上有锁，以防他人使用，坐便没有贮水部分，只有
一个罐子。

　　这种气味难闻的设施大约早在 1596 年就消失了。当时伊丽莎
白女王有一个教子名叫约翰·哈灵顿。他写了《阿贾克斯的魔术：
厕所趣事》(*Metamorphosis of Ajax:A Cloacinean Satire*) 一书。如果
不知道英文 "a jakes" 的意思，就无法理解 "Ajax" 在这里的双关
意思。[①]他在书中描述了一个他所发明的带阀门的厕所，建在巴斯
城附近的科尔斯顿。这个厕所有一个带托盘的坐便，上方的水箱里

_____

　　① 阿贾克斯，荷马史诗《伊利亚特》中的英雄。他的名字 Ajax 与 a jake［户
外厕所］的复数形式相似，在此是一个一语双关的词。哈灵顿利用这个文字游戏
来戏说厕所的重要性以及他将要进行的厕所改造。

面有活鱼（用来示意有水），一个上水管、一个冲水管、一个阀门和一个带水封的排污道。他用一个"完美厕所设计平面图"示意厕所的结构，并非常详细地说明了它的建造程序、费用以及维修。

致 M.E.S. 先生

先生：

我的主人给您写过一篇奇怪的文章，题为《阿贾克斯的魔术》，他现在急切地让我完成文章的其余部分——配插图。……因此，现在我认真地并且正式地告诉你以及所有虔诚的先生们如何改造气味不好的地方，无论是由厕所还是水池或类似的东西造成的。因为所有的烦恼原因都一样，因此解决的方法也一样。你们必须这样做。

如果下面所说的读者不愿意看，他可以翻过去一两页，或者只闻他的香手套。香味永远不会让他烦恼。

解析：

在令人烦恼的厕所里，首先在屋子的上方或屋子的里面装一个水箱，同时附带一个桶。水可以从这里通过一个接在坐便下面（看不见的地方）的直径为一寸的小铅管进行冲刷。这个管子上必须安装开关，以便放水时增加水的冲刷力。

然后制作一个椭圆形的器皿，上

在第一张设计图中水箱用字母 A 表示，所以在第二张图中也用 A 表示。小铅管在第一张图中用 D 表示，在第二张图中用 E 表示，但应该是眼睛看不见的地方。在第一张图中用 H.M.N. 表示

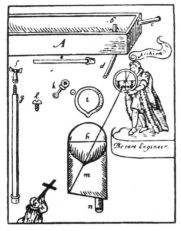

这是唐·阿贾克斯的房子……一切
用分解图表示，工人可以看清如何
操作

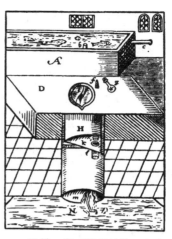

……同样，完工图可以使工人看
到安装是否恰当

哈灵顿1596年在他的《阿贾克斯的魔术》一书中设计的水厕

下宽窄一样，两英尺深，一英尺宽，
16英寸长；像放置封闭坐便的盆一样
将这个器皿放在靠近坐便的地方，让
椭圆向右倾斜。

的器皿，在第二张图中用
H.K.表示。

这个器皿可以是砖的、石头的或
者是铅的；但无论是什么材质的，都
必须有一股3英寸的水流通向它的后
部，那里必须有一个铜制的阀门，底
部和四周必须光滑，涂上漆、松脂和
蜡，这样可以防止尿液的侵蚀。

第二张设计图K部
表示水流。

这一点要特别注意。

72

在器皿右侧的最底部，必须装一个铜制的阀门或开关，用焊料或灰泥固定，阀门的直径必须是 2.5 英寸。

第二张图的 I.L. 部分。

开关的塞子必须是一根像窗帘棍一样粗壮、结实、均匀、垂直的铁棍，最上面是一个螺钉，必须用有螺纹的螺帽来上。

第一张图的 G.F. 部分，图 2 的 F.I. 部分。

当阀门向下的时候，螺钉必须在右手方向穿过木板出现，不超过稻草的宽度。按照这种方法放置，螺钉会处于离坐便后部 3 或 4 英寸的中间位置。

图 1 的 G.I. 之间。

同时，应禁止孩童和成人无规则地使用，或随意开启阀门。你应该用一个小扣或扇贝壳将其扣上，用钳夹锁紧，用钥匙才能开启。

图 1 的 K.L.，图 2 的 G.；这些都在后面看不见的地方。

73　所有的东西按要求放好之后，除阀门之外，器皿周围和其他地方都必须用掺头发的石灰封闭，以防止空气从下面冒上来。阀门应处于关闭状态。不用的时候必须在净水之下半英尺。

封闭不好会前功尽弃。

如果水很充分，使用越多、开关越勤越好。如果水少，有 20 个人使用，每天冲刷一次也可以了。

如果水不能直接流入你的水箱，你可以花 20 先令雇用人力，再买一节 18 便士的管子，将水从房子的最低处引到最高处。

现在请看另一份用材分析。

以下是要用的部件和价格。修建的人可以估算他必须支付的费用。

		先令	便士
A	水箱：石材或砖材，价格	6	8
b.d.e	从带塞子的水箱到开关所用的水管	3	6
c.	排污管	1	0
f.g	大塞子及钥匙	1	6
h.	器皿或坐便盆上部的边框装饰		
m	石制坐便盆	8	0
n	铜制大阀门，如果放水，3 英寸粗的水流将经此阀门急速流入厕所	10	0
i	与双肘间距同宽的坐器		

总共花费 30 先令 8 便士：但我主人的石匠做同样的东西却挣了 30 英镑。

只要这些做得好，维护得好，令你最烦恼的厕所会像你最温馨的卧房一样舒适。

※　　　※　　　※

父母和幼儿护理人员中很少有人知道，究竟是什么东西——

非常明显，但又无法说明的东西——使婴儿的大脑受到折磨。① 有人告诉我们，上帝在护理园里处处可见。我们很好奇，有可能提出这样的问题，"上帝在每一间屋子里吗？" 漫不经心的大人会告诉我们肯定在。然而，我们对这样的回答表示怀疑。② 即使向一个 7 岁的小女孩提出这样简单的问题，她都会认为你的问题是辱骂神灵而拒绝回答。假如哈灵顿的书就在手边，这个小小的护理园中的神学问题就会得到适当的解释：

虔诚的神父

① 从上下文看，作者可能是指婴儿的粪便不能得到及时清理而使婴儿的大脑受到折磨。

② 英文 godly 可指神圣的、虔诚的、圣洁的。此处作者一语双关，具有神性和洁净两个意思，问与答的人各指不同的意思。

虔诚的神父便器上坐，　　　　　　　　　　　　　74

大自然教我们要这样做，

嘟嘟囔囔地（为所做的事）祈祷着，

撒旦立即修理他，

高声大骂对他说：

这样祈祷犯大错，

如此地方作祈祷，

得不到上帝好脸色。

尊敬的神父很惊愕，

但他坚定地对撒旦说：

你这该死的神灵，虚假、欺骗又罪恶，

自己的幸事无指望，所以才来忌妒我，

各人自有各人命，你我相互别伤和，

我的祈祷上帝知，你却说是粪土禾。

纯洁的祈祷升上天，他在那里高高坐，

肮脏的东西落下来，对地狱的恶魔正适合。

　　哈灵顿先生的发明包括了阀门控制的水厕所具有的所有特点。75
虽然在里士满的王后宫殿也采用了这种水厕，但它的普及和二次
发明却拖延了将近两百年之久。

　　哈灵顿极力主张每日清洁身体——"喜欢你身体洁净，衣着
美观，从摇篮之时起，我们就应该厌恶肮脏，因为本性和理性都

不容忍肮脏。"1598 年，他的教母在温莎城堡的皇室居所里安装了"一些浴室"。其中一个"装有护壁板和镜子"。也许这就是伊丽莎白"无论是否必要"，每个月都要洗澡的地方。随着修道院的逐渐消失，他们所代表的洁净也随之消失。我们可以为伊丽莎白时代英国人的许多方面感到骄傲，但我们在莎士比亚的作品中几乎找不到任何有关他们沐浴或清洗方面的记载。我们还可以为高雅时代（Age of Elegance）感到骄傲，但无法为当时的卫生习惯骄傲。伊丽莎白时代和高雅时代，一个标志着两个肮脏世纪的开始，另一个标志着它们的结束。

培根爵士在 1638 年写道，他沐浴时的许多用品中没有肥皂：

> 首先，在洗澡之前用油膏涂抹全身，浴室中的热气和有益的东西会渗入肌体，而不是液体中的水。然后在浴盆中坐两个小时，之后，用乳香树脂、没药树脂、香丸和番红花处理过的干布包裹身体，以保持毛孔继续呼吸，直到全身松软。在干布里这样躺 24 小时之后，全身会变得干爽紧凑。最后，去掉干布，用油状药膏、盐、番红花涂抹全身。

按半个小时脱衣、穿衣，半个小时揉搓涂油，培根的沐浴显然要占用 27 个小时才能够完成。这样一个枯燥的过程对查理二世和王室成员几乎没有任何吸引力。他们 1665 年夏天在牛津度假，一位名叫安东尼·伍德的古董商人曾在日记中这样斥责他们：

约翰·哈灵顿爵士（1561—1612）

虽然他们看上去衣冠齐整、快乐，但他们非常无礼和粗鲁。在他们离开时，所有的地方，烟囱里、书房里、卧室里、地窖里，到处都是粪便。一群粗鲁、野蛮的嫖客，自负、空虚、无所顾忌。

查理二世此次出游的目的是为了躲避瘟疫，而不是传播它。除了沐浴之外，一定还有其他的乐趣吸引这位快乐的君主到巴斯、埃普索姆和滕布里奇。

佩皮斯①有点特别：他的客厅有一个"非常漂亮的封闭坐便"。他在地窖里还有一个粪坑，并且描述过坑里的粪便是如何经过房间被运送出去的。他坚持写日记九年之久，但只有一次提到他妻子的沐浴：

———————

① 佩皮斯（Samuel Pepys，1633—1703），英国首任海军大臣。他用密码撰写了大量日记，内容从个人见解到历史事件，十分广泛。

　　我的妻子忙着与她的女伴去浴室洗澡。她长久地待在家里，生活在肮脏之中，所以现在想下决心今后要讲究卫生。我知道她能够保持多久。

　　在《英国社会史》（*English Social History*）一书中，G.M. 特

77

荷加斯的《夜晚》，选自 1738 年的《每日四次》

里维廉生动地描绘了安妮女王时期爱丁堡的早晨：

> 头顶上方，空中 5 层、6 层或 10 层高的建筑窗户都敞开着。过去 24 小时里，爱丁堡封闭坐便所积攒的粪便全部在这个时间倾倒在街上。楼上的人中，行为典雅的，会在倾倒之前高喊"倒水了！"。得到的大声回答是"先别倒"，随之耸着肩跑开。幸运的情况下，他头上所戴的昂贵的、垂到肩部的假发才不会被迅猛而泻的粪便冲掉。这些粪便在宽阔的海街（High Street）积存。周围的建筑使街道像水井般封闭，因此而产生的旋风使得夜晚的空气臭不可闻。一直到清晨，城市的卫士才会草率地将粪便清理掉。只有在安息日的早晨，粪便整整一天没有人清理，使得苏格兰的首府充满臭气，让人觉得他们并不虔诚。

因此，笛福① 曾经说苏格兰人"不愿意生活在美好、干净的环境里"。需要补充的是，大约三十年之后，荷加斯② 也绘制了一幅相似的伦敦景色。爱丁堡的街道有一个提着桶、拿着桶盖的人巡游，口里高声喊着："谁愿花半个便士租用我的桶和盖？"约翰逊医生斥责苏格兰人照顾好了人的入口而照顾不好出口。但是，巴尔黑德的尚克斯③ 有朝一日将在全世界为苏格兰人恢复名誉。

78

---

① 笛福：英国小说家，《鲁滨逊漂流记》的作者。
② 荷加斯（William Hogarth），英国画家与雕刻艺术家。
③ 尚克斯（John Shanks of Barrhead），现代水厕与浴室设施之父。

第七章　丰盛的泉水

巴斯的温泉—布拉杜德的麻风病好了—密涅瓦神水—赫林沙德论沐浴—圣浴治疗麻风—国王浴场向绅士们开放—冒热气的水—玛丽王后怀孕了—皮尔斯医生的病痛—佩皮斯谈巴斯—西里娅·菲恩斯—正派与不正派—淫荡诱人的姿态—卢卡斯医生认为巴斯不高雅—范尼·伯尼的惊愕—巴克斯顿—神奇的泉水—哈罗盖特—马尔文笨拙的分析者—滕布里奇泉水的清洁与去污作用—英国60处泉水浴场—一次喝20品脱—伦敦的旧式浴场—花园里的裸体管家—土耳其式浴池—帕杜小姐的观点—玛丽·沃特莱·蒙塔古女士的脚—伦敦的土耳其式浴池—土耳其与罗马浴池之不同—考文特花园浴池—公爵浴池—卡萨诺瓦谈享受—一日三剃—泥浴—沐浴医生—约翰逊博士说：没有任何意义—英国好吗？—18世纪的进步—切尼医生的建议—伦敦无人喝水—卢卡斯医生论泉水—用马操作的机器—伦敦的饮用水接受检测—水库里的猫与狗—伯兰海姆宫与查茨沃斯—阿尔德曼与水泵—波利尼西亚野人—小多米尼塞提医生—布莱特

1675 年的国王浴场

尽管在詹姆士一世时期的一本小册子里面，曾经有一幅女澡 80
堂里的画面，妇女在沐浴时有的在吃东西，有的在闲谈，还有的
在听音乐，但集体沐浴的习俗一直到 17 世纪末才重新恢复。然
而，巴斯的温泉浴场从 12 世纪到 17 世纪却一直没有中断。这些
温泉在罗马时期之后一直被遗忘，直到 12 世纪时才重新被发现。
当时的考古学家解释说，那些温泉是在公元前 863 年被英国王
子——李尔王（King Lear）的父亲布拉杜德首先发现的。布拉杜
德是那种少见的集善恶美丑于一身的人。他是一个麻风病人，一
个放猪的人，同时又是一个喜欢驾驶滑行物的人。他因麻风病而
被放逐，所以后来才成为放猪人。他的滑翔技术与猪无关。他的

猪因偶然一次浸在水中而健康状况大为改善，所以布拉杜德就学它们的样子，因此治好了他的麻风病。他开创建设了巴斯城①，并将泉水引到密涅瓦。由于这个神话具有真实性，1699 年英国人为布拉杜德立了雕像，并将这个故事刻在雕像上。另一些人可能喜欢蒙默斯（Monmouth）的杰弗里（Geoffrey）所讲述的一个较简单的神话。故事里的布拉杜德给巴斯的河流和泉眼施了魔法。巴斯的罗马名字是 *Aquae Sulis*，意思是密涅瓦的神水。撒克逊时期，巴斯有一个很好的名字叫作热浴（Hat Bathun）。

16 世纪的英国年代史编者赫林沙德是这样描述圣浴的：

81　　那些患有麻风、痘疱、疥癣或剧烈疼痛的人常常去洗圣浴。……那是名副其实的热水浴，因为第一次去时会让人感到热水穿透了肌体，似乎肉会从骨头上掉下来，但过一段时间……人就觉得可以忍受了。

国王的浴场"非常豪华，非常宏大"，边上有 32 个可以供前来沐浴的男人和女人们分别站立的拱洞，

那些绅士们的确会无动于衷地去那些拱洞下休息，但那些好色的人是如此地放荡，以至于他们的所作所为比有些人所描述的旧时浴场或浴室里的人的行为还要过分。

———————
　　①　巴斯：英国西南部一座城市，英文名字是 Bath，沐浴的意思。因公元 1 世纪罗马人在此开设的温泉浴场而得名。

赫林沙德说：

水的颜色很接近深蓝色，像一个沸腾的锅一样，冒着热气，通常散发出像硫磺般的气味，非常难闻。浴场在中午和深夜时关闭，以便换水，不久前曾进行修缮，增加了许多艺术装饰。

巴斯的温泉在玛丽女王统治时期比较知名。女王在听说了温泉对于治疗不育症的神奇功效之后，去洗过几次圣浴，感到非常满意，认为"这些温泉名不虚传"。女王怀孕之后，为了纪念喜得贵子这一事件，她下令在浴场的中心部位立了一个漂亮的柱子。

皮尔斯医生 1672 至 1697 年在巴斯行医，据说他在洗温泉浴之前"身体状况很不好"。他 10 岁时得了浮肿，腹水和皮下水肿并发；12 岁时得了天花；14 岁时得了间日热[①]，时间长达 6—7 个星期；之后又先后得了头疼病；牙齿、下颌、扁桃腺发炎；21 岁时得了麻疹，鼻子流了两天血，家人对他的生命感到绝望；30 岁时，由于居住地"离荒野和泽地很近"，他患上了流行性发热病，最后被诊断为三日疟；他的血液里血红素过多，具有坏血病的特征。在这种情况下他移居到巴斯，开始洗温泉浴，身体立即得到恢复，一直健康地活到 75 岁。

佩皮斯对巴斯浴场的评价是："我认为那么多人在同一个浴池 82

---

① 间日热：隔日发作的疟疾。

里沐浴不可能干净。"西莉娅·法因斯①1687 年前后在那里沐浴过。据她描述，在入浴和出浴时，那些女士们身穿特制的、很硬的帆布袍子走过一个木制的门，直到浴水没到脖子的地方才能看见她们。晚些时候的浴场这种装饰性举动很少。

各种可以想象的淫荡调情的行为都在这里得到表演：著名的美女，令人心跳的乳房，奇怪的体形，几乎全部展现在公众面前。缠绵的眼神，诱人的瞥视，各种淫荡的姿势，一切都在柔美的乐曲中进行，足以让贞洁女子去品尝那被禁止的乐趣，让圣人成为世俗的俘虏，让丘比特着魔：这里有不同性别、不同身份和不同地位的人：有高贵的骑士，有乡间的土包子，也有城里的贵妇……女人们拿着可以漂浮的日式的碗，里面装着糖果、小装饰品、香精和香水。她们辛苦地弯曲着膝盖在水里漂来漂去，像尼普顿②的大臣一样。那些充满活力的花花公子向她们展示一些古怪的嬉耍姿势，如仰躺在水上，然后抱住所选目标，钻入水中嬉耍。

但是一位女参观者的话可能更正确。她不认为浴池中衣服湿透的样子与诱人淫荡的姿势很相衬。一位名叫哈蒙德的先生曾经在他的导游手册中说过，那些混杂在一起的半裸人群，令他想起

---

① 西莉娅·法因斯（Celia Fiennes，1662—1741），英国女旅行家。她的游记对所有城市道路、旅店、宗教活动以及工业贸易均有所评价。

② 尼普顿（Neptun），罗马神话中的海神。

1798 年罗兰德森所作：舒适的沐浴

在上帝审判日那些死而复活的人。1756 年时，卢卡斯医生抱怨说，浴场里没有更衣的地方，沐浴的人必须在不穿衣服的情况下被人从居所送到浴场，气温与水温适合与否，只能碰运气。他必须在众目睽睽之下沐浴。旁观者"就像看牛或熊吃诱饵一样看他沐浴"。在浴池里，他穿着一个紧身的帆布短上衣和内裤，头上戴一顶帽子，这种装束"肯定不能达到沐浴的目的"。之后他被用毯子裹上送回家。他觉得这一切"极不雅观"。与这些人一道在这种"极端粗俗和原始的场所"中沐浴的人里有一位建筑家名叫约翰·伍德。他后来与纳什和艾伦一道，将巴斯改造成了一座美丽的帕拉第奥建筑式的城市。1780 年，范尼·伯尼[①]对浴场中女士们在公开场合的裸露表示吃惊，"她们的头部确实被帽子遮着，但在这种场合，谁想看就可以看的想法本身就不高雅。"在浴场采取每日清扫的办法之前，一直有人抱怨浴场里的垃圾，尤其是干果壳、樱桃核和梅子核。

①　范尼·伯尼：英国女小说家。

与巴斯一样，巴克斯顿的浴场可以追溯到罗马统治时期，但没有留下任何遗迹。巴克斯顿作为温泉浴场的历史可以追溯到1570年前后。琼斯医生在他所著的《巴克斯顿古代浴场的益处》（ *The Benefit of the Auncient Bathes of Buckstones* ）一书中提到，尽管巴斯温泉的温度高一些，

> 但它会因此而短暂，人们聚集得快，消失得也快；而巴克斯顿的温泉则更甜美、更温和、更舒服、更适合。

巴克斯顿温泉浴场的价格差别很大，入浴的人经过考查后按身份付费。自由民付 1 先令，公爵付 3 镑 10 先令，红衣主教付 5 镑。[①] 人们认为温泉与井水的威力主要在于它的神奇性，而不是它的医疗性。琼斯医生希望沐浴的人入浴之前在家里或浴池边上祈祷。巴斯和威尔斯的主教为沐浴的人写了专门的祈祷词，告诫他们"上帝必须首先治水，然后水才具有医治你们的功效"。在宗教改革时期，托马斯·克伦威尔的下属查封了所有的水源并且上了锁，但人们对于温泉神奇功能的信仰并没有被打破。德比郡的居民每年在"修井"庆典仪式中，仍然对神井表示无限崇拜。

哈罗盖特的泉水相对较少，光顾浴场的人用的是单人热水浴盆；一位诗人曾这样描述：

---

① 中世纪时自由民属平民，公爵属贵族，红衣主教地位最高。

> 我惊奇地来到更衣间，
>
> 看到一个浴盆像木棺，
>
> 搓澡的善良女人告诉我，
>
> 必须躺下像平板，
>
> 仅将头部露出来，
>
> 才能最佳享受热气源。

　　另一个早期温泉浴场是马尔文，但一个笨拙的分析者在检验了泉水之后认为水太纯净，不是那种可以用来治病的泉水：

> 沃尔医生说，
>
> 马尔文的温泉很出名，
>
> 因为矿物含量等于零。

17 世纪的马丹医生曾经说，滕布里奇的温泉

具有清洁和去污的作用，可以将人体任何部位的污秽去除。86尤其是在疑病症和歇斯底里病症发作时，温泉水可以压抑那些病态恶气的散发，防止它们进入大脑和心脏。没有任何治疗比温泉浴效果更好。

　　18 世纪时巴斯的福尔克纳医生曾经写道，当时已经有一千多篇关于矿泉水方面的论文，英国当时形成气候的温泉浴场至少有

一个温泉浴场的发展（图1）

　　孚日（法）普隆皮埃尔浴场是很多"有益健康"的温泉之一，位于名字非常好听的班勒班温泉附近。这些不同时期的木刻反映了它的发展。图2作于1553年。请注意图中一些"公共场所的迹象"。图3的浴池中有一个喷泉。与图2相比，似乎沐浴用水还可以饮用

图 2

图 3

60个，但大多数出水量有限，因此仅限于通过饮用治疗疾病。其中一些

> 仅仅用于治疗过分恐惧死亡，或对于腐臭缺乏味觉或嗅觉，或使任何没有触觉的人在首次饮用之后恢复触觉。

饮水治疗有时候喝的量很大，一次可达20品脱[①]。

医生们相信泉水可以治疗疾病的理由是，既然没有任何人抱怨大自然没有为我们提供适合治疗用的泉水，那就是有。因此，对泉水进行分析可以使我们知道它们可以治什么病。例如，医生们发现斯卡巴勒的泉水可以治疗"不可思议的干渴，各类蠕虫，毫无节制造成的肠胃功能紊乱"；"滕布里奇威尔斯的泉水可以增强大脑和神经中枢功能，对头痛和眩晕有好处"；巴斯的温泉可以治疗一切疾病，从"情绪低落和疑病症发作"到"渴望女人、吞吃粉笔、煤块等物品的一切欲望"。

伦敦一些老式的公共浴场使用的时间很长。芬斯伯里的泰伯纳克广场（Tabernacle Square, Finsbury）有一个圣阿涅斯·克莱尔浴场，可能是罗马时期留下来的浴场，因为在那里发现了罗马硬币。那里的泉水据说每日出水量可达10000加仑。伊丽莎白女王在查林十字街（Charing Cross）的浴室是正方形的，周围有台阶，可供入浴的人坐下，1831年之前这个浴室一直位于一个用砖砌成的地窖下面。安妮女王的浴池位于朗艾克（Long Acre），时

---

① 合9.46美升，在英国约合11.4升。

伊丽莎白女王的浴池

安妮女王的浴池

间较伊丽莎白女王的浴室早得多，但自从她使用之后就被称作安妮女王浴池。这个浴池注入的泉水因治疗风湿效果极佳而著称。克拉肯泉冷水浴池在普莱森特山（Mount Pleasant）附近的冷浴路（Cold Bath Road），那里也有一个具有治疗功效的泉眼。浴室的房顶上有一个悬吊在空中的椅子，以便让身体虚弱的人坐在椅子上，然后再将其放入水中。采用这种做法要在正常费用2先令的基础上加收6便士。市政大道鲍德温街（Baldwin Street，City Road）的皮尔雷斯浴池大得可以在里面游泳，所以克里斯特医院（Christ's Hospital）的学者们就在里面游泳。皇家浴场1679年开始营业，位于罗马沐浴街（Roman Bath Street），直至1876年才被拆掉。位于泰晤士河上、距萨默塞特大厅不远的地方有一些漂浮浴室（Floating Baths），它们的恩主是威廉三世的王后（Queen of William Ⅲ）。古老的罗马泉水浴场位于航舰街附近的斯坦德街
88 （Strand Lane）上，一直到狄更斯时代还在使用。大卫·科波菲尔（David Copperfield）在里面"洗过很多次冷水浴"。

在美国，最早阐述冷水浴好处的人之一，是宾夕法尼亚州的创立者威廉·佩恩的大管家。这个不幸的人不仅耳聋，而且"长期被疼痛和苦闷所困扰"。一个寒冷的夜晚，当这种痛苦难以忍受时，他跳下了床，脱掉了他的睡衣，跳入寒冷的水中，然后赤身裸体地绕着花园跑了一圈儿，之后又跳入水中，又绕着花园跑了两圈；随后在"痛饮了一阵白兰地"之后便上床睡觉了。不用说，第二天早晨他恢复了健康和听力。

17世纪后期的旅行者们，例如东征的十字军，带回了关于土

耳其人浴池的故事。一位帕杜小姐在君士坦丁堡的一个浴池中待了两个半小时，她声称并没有看到玛丽·沃特莱·蒙塔古女士所反对的那种"不必要的、淫逸的裸露"。玛丽夫人的智慧在任何情况下都会变味：她令人反感的说话习惯尽人皆知。一位法国女士曾经描绘道，当她看到玛丽女士污秽的双手并对它们感到惊奇时，玛丽对她说："啊，夫人，要是你看看我的脚多好！"伦敦人开始模仿土耳其浴池。1699 年，内德·沃德出版了《伦敦间谍》一书，书中描述了伦敦浴池里那种令人窒息的憋闷空气，"热得像一座烤鸡的炉子"。土耳其浴池与罗马浴池并不相同。吉迪恩说明了他们的不同之处：

> 运动场地和体育项目与寒冷之中的游泳池一道消失了……窗户高大，光线强烈的温热浴池被稀疏地镶着金边的小型浴池或钟乳石浴池所代替。光线昏暗，气氛沉静，最好与外界隔绝……古典式的、活跃积极的沐浴者被东方式的、被动的、休息状态的沐浴者所代替。一种更好的舒筋活骨的技术，一种特殊的、具有渗透功能的按摩代替了体育运动。

进入土耳其式的浴池一次至少收费 8 先令，还不算额外要求的单间、酒水、浴水中添加的各种香草。考文特花园的土耳其浴池于 1708 年开放，红火了一百五十多年。朗艾克的公爵浴池是一个椭圆形的洗浴大厅，地面铺的是大理石，4 个彼此相邻的浴室

89

乔斯特·阿曼（Jost Amann）16 世纪的木雕，旨在展示土耳其妇女入浴
时的装束。其依据可能是色情行为，而不是可靠的信息

提供不同温度的浴水。卡萨诺瓦1765年时恰巧在伦敦，[①] 他说浴池提供的享受很便宜：

> 我还去看了一些浴场。在那里，富有的人可以吃饭，沐浴，与时髦的名妓睡觉。伦敦有许多这样的浴场。这种尽情的享受与放荡仅花费6畿尼[②]。

正是在这一次的伦敦之行中，卡萨诺瓦听到他的朋友彭布鲁 90
克伯爵吩咐他的贴身仆人为他剃须：

> 仆：但是，您的脸上一点胡须的痕迹都没有。
>
> 帕：从来都不会有，我每天刮三次脸。
>
> 仆：三次？
>
> 帕：是的，我换衣服时必须洗手，我洗手时必须洗脸，而一个男人洗脸的恰当方式就是用剃须刀。

这个时期被称为"格雷厄姆医生的健康女神庙时期"，[③] 他的床常常被描述为圣床，装有很多磁性设施和其他装置，几乎可以确保能够激发性欲，每一夜的价格为100英镑。格雷厄姆医生宣

---

① 卡萨诺瓦（Casanova，1725—1798），意大利探险家、间谍、小提琴家，同时也是著名的浪荡子。

② 畿尼：英国旧金币，1畿尼 =1 镑 1 先令。

③ Hygieia 是希腊神话中的健康女神。格雷厄姆医生很讲究健康，所以他的住处被称为健康女神庙。

传土浴的好处，当众让人把自己和一位年轻的女士用土埋到脖子。尽管撒在他们身上的土很薄，头上戴的护帽也是精心制作的，但一位旁观者还是认为他们的躯体看上去很像莲花白。类似这种半魔术性质的实践者中还包括那些提倡水疗的医生们，或称"沐浴医生"。最著名的便是切尔西的多米尼塞提医生。他完成了一部论述沐浴治疗及其好处的巨著，却丝毫未透露他所采用的任何方法。约翰逊博士是对其表示怀疑者之一：

> "这个被吹捧的整个沐浴系统没有任何意义。药浴与热水浴一样：它们的效果仅仅是温热的湿气。"另一个人观点不同，他对那位绅士说："先生，去找多米尼塞提吧，让自己被熏蒸一下，但一定要让水流冲在头上，因为那是有病的地方。"
> . . . .

布尔的《工业革命早期的健康、财富与人口》（*Health, Wealth and Population in the Early Days of the Industrial Revolution*）一书改变了英国卫生发展史中的一些普遍观念。他反对大家普遍接受的一幅画面，即一个美好的英国随着城镇的发展而逐步变得不洁，之后便迅速被工业革命带入一个肮脏的境地。他认为肮脏的根本在于中世纪的城镇在许多方面具有乡村的特征，具有落后的卫生习惯。这些习惯在一个孤立的村庄里也许并没有什么害处，但在一个城镇里它们却可以致命。布尔将一个按照乡村来进行管理的城镇比作一支军队，如果在一个地方驻扎太久，很快就会染上痢疾和高烧。原始的、中世纪的卫生准则没有广泛的大众支持，

1814 年主教门大街的水泵

几乎没有人对这些准则进行强化和管理。当人们回首那个黄金时代时，发现灾难与瘟疫总是离它很近。没有梅休[①]这样的人去记载那些恐怖的详情。难道那些 13 世纪的农民比 19 世纪的工人健康和快乐吗？没有人能够回答。

这些不卫生的习惯一直延续到以后几个世纪。肮脏的城镇并不是现代社会的发明，也没有继续恶化的倾向。17 世纪是一个内战与动乱的年代，历史记载了许多严重的流行病，包括鼠疫。但没有证据表明，这个时代的卫生状况比中世纪的伦敦更差。到了

91

---

① 梅休：英国宫廷的编目人。

18 世纪时，情况开始改观。18 世纪前半叶，英国的人口增加了五分之一（100 万）。死亡率的上升是因廉价酒造成的，而不是不卫生造成的。1750 至 1800 年间，英国人口增加了 0.5 倍，而死亡率却有所下降。1797 年，大伦敦的死亡人数比 1697 年小伦敦的死亡人数还要少。尽管城镇在扩大，他们的生活条件却逐渐变得更加有益于健康。街道被铺设和加宽，污水道被埋入地下，房屋被重新用砖修建，而且不像原来那样密集。为了改进供水系统，蒸汽水泵（1743 年）和铁制的管道（1746 年）开始被采用。廉价的

92 棉布开始出现。棉布耐受高温蒸煮而不损坏。蒸煮可以杀灭虱子。廉价的陶器和铁制品也促进了卫生习惯的形成。根据一项统计，1752 年伦敦的厕所"管理得很好"。如果恰当地运用当时的排污水道处理粪便，就不会造成不卫生的状况。阿瑟·扬[①]1787 年写道，尽管巴黎的社交与文化生活比伦敦好，但卫生状况远远比不上伦敦。在其他卫生状况不好的小城镇，正如《死亡法》（*Bill of Mortality*）中所述，改进的速度十分缓慢。

18 世纪时沐浴还不很普遍，但沐浴不是卫生与否的唯一标准。公用排污水道和冲水厕所开始使用，医院得到改善。医学不再是炼丹术和法术的结合体，而是成为一门科学：1720 年时，当哥达尔明（Godalming）的一名妇女声称自己生了几只兔子时，一些医生，包括国王的解剖学家都相信了她。二十年之后，没有任何医生再会上那样的当了。科学的时代已经开始了。

---

① 阿瑟·扬（Arthur Young，1741—1820），游记及农业方面作家，1793 年成为农业大臣。

1724年乔治·切尼医生向大家推荐沐浴与日常清洗：

我禁不住要向大家推荐冷水浴，而且禁不住要问为什么大家都不沐浴，尤其是基督徒们……经常在水中沐浴可以清洗身上的汗孔，清除那些不断落在毛孔上的污物以及日久聚积的汗臭。不经常清洗，很快毛孔就会堵塞，人就会失去活力……因此我建议，任何有条件沐浴的人，应该在自己的家里，像用盆子洗手一样，经常用冷水沐浴，坚持不断，每周两到三次，无论冬夏。那些条件不够方便的人，应该尽可能地经常去河流或活水塘进行沐浴……我不赞成猛然跳入，或将头部首先置入冷水之中，那样会使人体受到突然冲击，因而使一些微小的血管破裂。正确的方法应该是，抓着绳子，尽快地走下台阶，当踩到底之后，将膝盖弯曲（犹如妇女行礼时一样），降低高度，以便使头部完全进入水中，然后再露出水面进行呼吸……

他还向那些体弱、勤奋和久坐的人建议，应该经常刮脸、理发（当时的人整天都戴着假发），清洗、修剪双脚及脚趾甲。水中可以放入一些薰衣草、香精或匈牙利香水，甚至也可以放一些肥皂。[①] 这些东西可以清除污垢与皮屑，通过增加排汗，可以使大脑的气体得到充分、自由的呼吸。

---

① 此时洁身肥皂还未出现，可能指洗衣用的粗糙肥皂。

　　1726 年，一位名叫德·索绪尔的瑞士人来到伦敦。他对伦敦

93 人的用水量感到非常吃惊。他说所有的水都不是用来喝的，下层
阶级，甚至贫民都不知道用水来解渴是怎么回事。酒当然很便宜
（"一便士喝醉，二便士死醉，无忧无虑"），但不能用来解渴；啤
酒一定是主要用于解渴的东西。到了 1756 年，卢卡斯医生的文
章《论泉水》（*An Essay on Waters*）中提到，伦敦使用的是原始的
水（Simple Waters），比欧洲任何城市的水源都多，且供水量足。
"水源多"意指包括一些不纯净的水。他说伦敦所有像样的街道都
有充足的供水，不仅普通公房的一层和地下可以取到水，而且二
层以上大多数民房也可以取到水，有可能是街道上的公共水房提
供的。他补充说，这个供水系统是使伦敦成为世界上最健康的城
市的原因之一。他提到了四个水源：第一是泰晤士河，由设于伦
敦桥、切尔西和约克建筑的机械从中抽水；第二是新河；第三是
汉普斯特水塘，该水塘的水由管道输入市区；第四是拉斯伯尼普

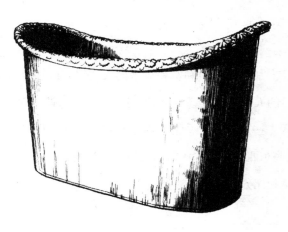

18 世纪的锡制浴盆

莱斯街头的一口大泉眼，"一个由马拉动的抽水机"将该泉水位提高。卢卡斯将水烧干后对各水源的沉淀物进行检测，其结果令人震惊：一加仑泰晤士河水中的沉淀物为 16.5 厘①，新河 14.5 厘，汉普斯特水塘 90 厘，拉斯伯尼普莱斯 100 厘。这些沉淀物的数据并不是能否饮用的唯一标准。

伦敦的供水是间断性的：一个星期大约供水三天，每次每户 94 大约 2—3 个小时才能装满水箱。1748 年滚珠阀门问世，不但免去了住户必须要记住打开自家进水开关的麻烦，更重要的是免去了忘记关闭开关所引起的严重后果。在供水有限的情况下，浪费是不允许的。1770 年，巴斯当地的政府威胁麦尔默斯先生（Mr. Melmoth）说，如果他不拆除新近安装的水厕，将切断他的水源。在约克，水质是如此不好，以至绝大多数人要用大小罐将水沉淀 1—2 天之后才用。曼彻斯特 1765 年颁布了一项法令，严禁将猫狗丢入舒特希尔水库（Shute Hill reservoir），并严禁在水库的水里洗衣服。

乡村的大宅有时有自己的供水系统。喷泉池子既实用又美观。95 在伯兰海姆宫，抽水机直接向位于东边拱道里的一个大水箱里供水，该水箱又通过地球引力向厨房和办公地点供水。

早在 1700 年，西莉娅·法因斯就在查茨沃斯见到过一个"浴室"。该浴室的墙是用蓝白相间的大理石砌成的，里面有一个很深的浴池，"装有一个热水龙头，一个冷水龙头"。这是很少见的

---

① 厘：英国最小的重量单位。

奢侈浴室。对于那些既不富有又很健康的人，只能用比较简单的方式沐浴。如今仍然沿用的街名和地名都说明当时有无数的水泵。阿尔德曼·伯戴尔是受人尊敬的出版商，后来成为伦敦市长。他并不认为每天去艾恩蒙格街的一个水泵去修饰一下自己有什么不体面。他首先将假发放在水泵上，然后将头伸在喷口下面冲洗。库克船长曾经描述过塔希提岛的波利尼西亚人，他们坚持不懈地每天清洗三次，并保持衣服极为清洁。但是库克船长和他的读者们却没有那种要将波利尼西亚野人的习惯介绍给伦敦人的紧迫感。

克恩希尔的水泵

　　著名的多米尼塞提医生的一个儿子在给切尼·沃克做了七年助手之后，将生意从切尔西的村庄带到了城里。1779年他在海马科特（Haymarket）的潘顿广场建立了自己的"人工加热并加入药剂的水浴、局部冲洗浴、蒸汽干浴、内外湿熏与干熏、油、皂、酒干搓"等形式的浴场。与他的父亲一样，小多米尼塞提对于他的发汗卧室以及"具有一系列奇异机械功能的许多器械、管道等等"的细节只字不提。他用来向身体各个部位提供冲击水的机器"结构是如此的方便"，以致水流可以从最小的水滴转换成"最大的、具有灭火器那么大的水量"。后来这种方法被称为"冲洗疗法"。病人们应该庆幸的是，那个时代的灭火器并没有多大的力量。他对于巴斯所使用的向病人头部冲水以治疗麻痹的方法表示怀疑，认为那种操作会导致病人死亡。对于那些更喜欢海水浴的人，他列举事实说明咸水的害处：海水会使铁生锈，所以一定有腐蚀作用；经过蒸馏去掉盐分的海水不会腐坏，所以未经蒸馏去盐的海水一定会加速伤口化脓；出海的海员身上有溃烂，其原因一定是盐所导致。尽管有上述这些可怕的危险，海水浴还是越来越时髦。一幅表现1735年斯卡巴勒海滩的绘画显示，那里有绅士们在沐浴。1750年在马盖特，"比尔发明了由马拉动的沐浴机器"，使男人和女人们都下了水。他们可以穿着高雅的斗篷被机器拉着下水。

　　威廉·克拉克牧师在一封信中，记录了布莱顿（当时称作 96 Brighthelmstone）最早的海水浴，1736年时他曾待在那里。海水浴在罗塞尔医生的倡导下开始盛行。1754年，他在布莱顿为自己盖了一幢房子。此前不久，他刚刚发表了一篇论文，题为《关于运用海水治疗腺体疾病》（*Dissertation Concerning the Use of Seawater in Diseases of the Glands*）。他建议天气冷的时候进行海水浴；范尼·伯尼、瑟勒夫人和瑟勒小姐们 11 月时在布莱顿黎明之前进行海水浴。罗塞尔医生还突发奇想：喝海水。人们发现布莱顿的海水比其他地方的水治疗效果好得多，以致该处的海水在瓶装之后被送往伦敦热卖：

> 苏斯华克街塔尔波特旅店（Talbot Inn）出售从萨塞克斯（Sussex）布莱顿取来的海水，由 T. 斯瓦尼（T. Swaine）取自大洋海水。

奥斯特医生建议他的病人们将海水与牛奶进行勾兑之后，放入一点酒石将其煮沸，然后过滤、放凉之后饮用。布莱顿还有新鲜的泉水。

> 这里有无数的羊群，它们都在饮用这里的泉水，这使得牧羊人不时地赞扬泉水的孕育功能。

奥斯特医生还介绍了另一种尝试：热海水浴。他认为热海水浴可以通过毛孔释放体内的毒气。普通的海水浴必须借助于一个器械，同时雇用一个会潜水的、强壮的当地人来控制入水的深度。约翰逊博士曾经访问过居住在布莱顿的瑟勒一家并在那里进行海水浴，也许是为了治愈他的皮肤病。约翰逊博士小的时候安妮女王曾因此而没有"碰"他。他的潜水侍者不太老练地赞美他说："啊，先生，四十年前您一定是一个勇敢的绅士！"男女混浴是不允许的，但像罗兰森①那样，戴上一副望远镜，就可以从远处观看那些包裹严实的美女们沐浴。

> ……布莱顿沙滩上活泼的仙女，
>
> 对着礁石与浪花欢声笑语；
>
> 我们看到许多爱的王后，
>
> 海中拥抱浪涛无忧无虑。

　　但在 18 世纪人们的眼里，温存美丽的大地和海的绘画景色是可以接受的，真正的高山和大海都是令人害怕和沮丧的，因此在布莱顿，绝大多数新建的房屋都是背对大海的。

---

①　罗兰森（Rowlandson，1756—1827），英国漫画家。

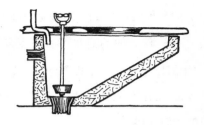

第八章　法国的英国式厕所

法国的王宫—弗朗索瓦一世—暹罗大使的印象—路易十三—水中坐垫—路易十四的粉红色大理石十边形浴盆—枫丹白露的河水浴—加热塞纳河—凡尔赛的 100 个浴室—迪巴里—玛丽·安托尼特—一人双盆—布朗代尔—坐便椅—多芬随地大小便—264 个坐便—波帕多尔—双人座—坐便在官场的作用—"女厕""男厕"首次产生—荷兰之旅—巴黎的先生们—英国的好名声—英国式厕所—安妮女王的微型浴室—卡鲁的灵巧装置—赫克海姆的双位厕—《伦敦建筑艺术》—各行业概述—沃伯恩的室内水厕—《建筑艺术全书》—大宅院的茅厕—凯德尔斯顿的水厕—奥斯特莱的尴尬—沃尔波尔访问一个舒适的家庭—18 世纪的水厕—威廉·霍金斯—盆式厕所—班尼的专利—塞式厕所—卡明斯的专利—布拉默的专利—咕咕的噪音—被炸昏的工人

在法国的王宫里，堂皇的浴室总是不断修建，但沐浴的乐趣 98
却总不如修建的乐趣那样持久。这些浴室总是不断被翻新。弗朗
索瓦一世几乎没有用过他在枫丹白露新舍里的浴室，该处后来被
改作他用。1686 年，卢浮宫建造了一个更大的浴室，有大理石的
柱子，内部装修全部是蓝色和金色的，浴盆是大理石的，有热水
管道。暹罗①（Siamese）大使对此比对法国任何其他事情都要惊讶
不已。但这个浴室到 1722 年时也已经被破坏了。路易十三一生的
大部分时间都一直心安理得地使用一个普通的木盆，直到最后的
日子里，他才同意使用一个大理石浴盆。这个浴盆比木盆大，但
屁股坐进去很凉，需要一个可以放入水中的坐垫和镶有花边的布
帘。这种坐垫和布帘在王宫里作为礼物相送十分普遍。

路易十四是太阳神的化身，他需要一个真正有价值的浴盆。
1677 年他装了两个大理石浴盆，1678 年又装了两个，用青铜装饰；
1679 年，他的浴盆一共达到六个。后来他的浴室再次扩大，以便
能够装下一个宽 10 英尺，深 3 英尺，玫瑰红色的十边形大理石浴
盆。仅屋顶镀金一项就花去 24000 里弗②。当太阳神去沐浴时，除
了坐垫、窗帘和装饰带外，还有一个用布料做成的亭子。值得当
时的侍者们庆幸的是，他很少使用这个浴盆，觉得自己卧室里的
浴盆更温馨。像以前一样，他所有的浴盆全部被毁。路易十五将

---

① 暹罗：今泰国。
② 里弗（livres），法国古钱币。

加热塞纳河

这个大浴盆送给了波帕多尔①。浴盆的搬运很不容易。即使在平地上用滚子运送也需要 22 个人才能搬动。最开始的计划是拆毁地面，将浴盆经由下面的地窖运出。后来发现窗子很大，便用绳子、绞盘和一个木制绞架将其抬起运出。法国革命的种子很可能就是那一天在那些汗流浃背的工人们心中播下的。这个浴盆在很多年

---

① 波帕多尔：路易十五的情妇。

里被用作花园里的喷泉，不久前被运往凡尔赛，放置在奥朗日瑞（Orangery）。

宫廷的人比想象的要干净一些。高雅的丝绸与时髦的花边很 99 容易使人将他们与那些身穿丝绸但身上充满臭气的人区分开来。凡尔赛当时至少有 100 个浴室，每一个重要官员的家里都有一个。浴室是在那个喧嚣的"理性时代"（Age of Reason）才被拆除的。从某种意义上讲，当时的人认为，没有必要为以后的事考虑。

枫丹白露的许多宫廷人员喜欢去河里沐浴。男男女女一道去塞纳河，身上严严实实地裹着一直到脚腕的灰色薄纱长衫。勃艮第的公爵夫人在马利河中沐浴时，所做的一切都很有风格。她让人沿着河岸做了屏风，立了两个亭子，有豪华的餐厅和双簧管奏乐。如果河水太凉的话，烧开的热水会注入河中。不要认为这样做不会有任何效果。可怜的德·圣爱罗夫人让人往河里倾倒的热水太多，因此被烫伤而送回家。

迪巴里 ① 和玛丽·安托尼特的浴室今天仍然可以看到。玛丽·安托尼特每日沐浴，但奇怪的是她每次只用一个浴盆。路易 100 十五的建筑师布朗代尔 1738 年在他所著的《别墅》（*Maisons de Plaisance*）中解释说，当时的浴室中有两个浴盆，一个用于洗，一个用于冲（与现代厨房中的双池道理是一样的），暂时解决了东方人嘲笑西方人在自己的脏水中浸泡的问题。这就是为什么法国人在写 Salle de bains［浴室］这个词时总是使用复数形式的原因。

---

① 迪巴里夫人（Du Barry，1743 ？—1793），法国国王路易十五的情妇。

中世纪时是两个人用一个浴盆，此时是一个人用两个浴盆。

布朗代尔设计了一个完美的浴室，两个半圆形的浴盆分别安装在角落里，浴盆上面有篷顶，周围有丝织的帘子。浴室门两侧雕花的基座上放着香炉。水管及盆具都是镀过的，所有的管道都是埋入式的。四面墙壁全部用稀有木材制成的板进行装饰，但布朗代尔当时主张用大理石，因为大理石既显高雅又凉爽。

法国宫廷里有许多坐椅式便桶，或称坐便椅。椅子方面丰富的同义词都与这个话题有关。例如：chaises d'affaries［公务便椅］，101 chaires pertuisées［冲水坐便椅］，chayères de retrait［折叠坐便椅］，chaises nécessaries［需时坐便椅］，或简单的 selles［便椅］。每当一个词被广泛理解之后，一个新的词就立刻被创造出来，将原意包装起来，这似乎已成为一个规律。哈弗德在他的《室内家具词典》(*Dictionnaire de L'Ameublement*) 一书中提到坐便椅时，避免

青春浴泉

使用上述任何一词，只说"那些令人喜爱的室内用具"。1606 年
8 月 8 日，政府颁布法令严禁圣日耳曼宫附近的任何居民在该区
内随地大小便。多芬王太子①恰巧在那一天违反了该项法令，在自
己卧室外面的墙下随意方便。根据他的行为可以推断，在此之前，
宫廷似乎在这方面没有很多讲究。路易十四的一份清单上显示，
凡尔赛一共有 264 个坐便椅，其中 208 个上面覆盖有红色、深红
色或蓝色锦缎，红色的摩洛哥皮羊，红色或绿色的丝绒。66 个有
隐蔽的抽屉，以各种形式遮盖。有一个圆形的鼓状坐便器被称为
马赛式坐便。路易十五最精美的坐便器使用的是黑漆，上面绘有
日本的风景、金色的鸟儿和彩色浮雕，有镶嵌的珍珠母，有中国

---

① 多芬王太子：法国国王的长子。

的青铜铆饰，内壁用红漆漆过。他还有一个用绿色天鹅绒装填过
102 的坐便器。正如哈弗德所说，人们想象不出比此更加可爱的坐便
器了。波帕多尔十分喜欢 M. 米让（Migeon）为她制作的第三个、
而且是最豪华的坐便器，以至于她使米让得到了一笔巨额的、与
一个军队高级将领同样多的养老金。另一个人制作了一种可以同
时供两个人使用的坐便。

使用这些装饰使皇家坐便显得高贵有很大的意义：它在官场
上可以起一定的作用。国王、王子，甚至将领们都把它当作王冠
一样对待。皇族的人可以坐在上面接见下官。波特兰勋爵在路易
十四时期被派驻法国大使，路易十四在坐便上接见了他，当时被
认为是很高的荣誉。同样也是在这样象征王位的坐便上，路易用
权威的口吻宣布他将与德曼特农夫人结婚。

此后坐便失去了以往的荣耀，被放在另一件家具的里面遮盖
起来，或被装饰成其他形式。在荷兰战争时期，当时法国最流行
的一种款式被称为"荷兰之旅"，这个名称是指堆积在坐便上面、
用来遮掩下面秘密的一大堆东西。它的唯一别名是"巴黎的秘
密"。尽管用语十分机智，但人们必须知道这个用具是用来做什么
的，这一点十分重要。否则，一个即将入睡的客人，在迫不及待
的时候，要从卧室很远的地方辨认出这些东西是很困难的。

历史上最早提到的与厕所相关的"女士间"和"男士间"大
103 概是 1739 年一篇有关巴黎盛大舞会的报导。当时的报导如同宣告
一项重大发明，说他们特意为情急之中的男女准备了不同的房间，
在门上刻了"女士间"和"男士间"的字样，前者有女侍，后者

《巴黎的秘密》（？）

有男侍。

英国人在法国的声誉体现在水厕上，这令那些珍惜英国声誉的人感到很不安。在法国，英式厕所被视为一种时尚。布朗代尔1738年展示了一些英式方便厕所或阀门厕所，他说这些厕所起源于英国。但他向英国朋友们进行咨询之后，朋友们都说不知道伦敦有这样的厕所。1750年，巴黎的舞女德尚小姐（Mlle Deschamps）有

> 两个小房间，一个是梳洗室，一个是英式厕所，都装有
>
> 镜子。

尽管我们可以接受在厕所里安装镜子，但我们仍然怀疑镜子是如何被引入英式厕所的。1759年，巴黎有一则住房广告，里面提到

一座舒适的英式厕所，但与房子不相连。也就是说，房子在一头，厕所在另一头。1790 年的另一则广告提到，房东提供宽大舒适的英式厕所。从中我们可以知道，至少这些英式住宅的设施还可以。其中一个厕所用刨光的橡木搭建，有一个大理石浅盆和一些镀金用具。弗尼尔是创造发明方面的历史学家，他说所有这些厕所都没有臭味。这无非又激起了英国人的爱国主义，使我们同意布朗代尔观点，是英国发明了这个东西。但英国发明的这种厕所在英国很晚才出现。这样的讽刺可能只是对法国傲气的一种抚慰，同时也能减轻英国因接受别人这项卫生发明而感到的屈辱。但是在 18 世纪，英格兰人视水厕为一种新奇却是不争的事实。即使在大户人家的住宅中也十分少见，即使有也十分原始。在温莎有一个专门为安妮女王建造的"用大理石砌成，有管道系统，可以从上面冲洗的一小块非常舒适的地方"。奥伯瑞 1718 年来到萨里的贝德林顿，他在弗朗西斯·卡鲁先生的家里看到了

> 一个用于清洁办公处所的灵巧的机器，主要是让一小股手指般粗细的水流入一个像煤铲一样的装置之中，将其高悬于空中，器械装满水，向下倾泻时具有很大的力量。

这可能是一个可以断断续续自动冲水的装置，不用如厕的人来操作。

威廉·肯特为一座位于诺福克（Norfolk）的赫克海姆大宅院做过一个设计，厨房和餐厅相距 200 英尺，只给莱斯特伯爵在大厅的一个角落里设计了一个没有窗户的"双位厕"。同年（1734）

出版的《伦敦的建筑艺术》中有一则管道工的操作程序，书中丝毫未提水厕，却提到了

> 那个十分方便的水箱应该放好，应有足够的水用来冲洗每一个办公处所；还应该有一些器械能够将其托起。

坎贝尔在 1747 年所著的《各行业概述》一书中，同样只提到向办公用房供水，而只字未提厕所、防臭弯管或粪便排污管道。在沃伯恩，贝德福公爵 1748 年安装了一个排水系统，一共包括 4 个水厕，人们欣喜地注意到，"至少有一个是在房子里的"。在艾萨克·威尔 1756 年所著的《建筑艺术全书》中，有一张下水管道的平面图。图上显示，在一幢大宅的外面有好几个厕所，而里面则一个也没有。图上还显示了一些当时的粪坑和街道下面的一条公共排污水道，但没有提到防臭弯管。在偌大的凯德尔斯顿，建筑师詹姆斯·佩恩只设计了一个室内的水厕。奥斯特莱大宅仅有一个水厕，设在一间房子的墙壁里，其门与坐便距离非常之小，以至于只有在不使用的情况下，才能完全挡住坐便。封闭的粪道经过房间与下水道连接。一直到 1760 年，霍拉斯·沃尔波尔还描述过阿依莱娅·褚得莱的房子：

> 最新奇的要算每个卧室里用来方便的地方：用具全部是用红木做的，……上面有孔、铜手柄和开关等等。我不禁要说，这是我所见过的最舒适的家！

105

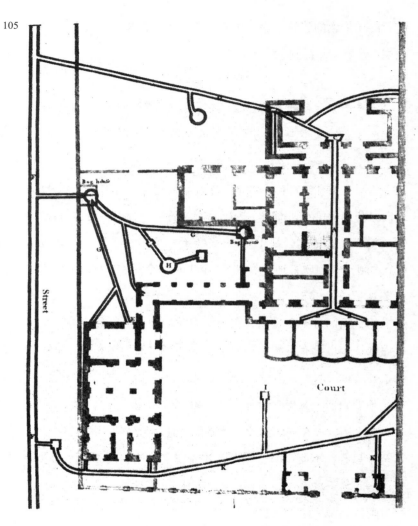

艾萨克·威尔 1756 年设计的管道与下水道平面图

我们不知道这些厕所是否有供水管道或下水道。但无论是哪种情况，值得注意的是沃尔波尔认为它们很奇特。

18 世纪的水厕有可能是用铅做的，也有可能是由实心大理石凿出来的，然后加上一个金属盆或活塞装置。但到了 18 世纪末期，水厕的上部可能已是用镀铀的陶瓷做的了。航舰街的威廉·霍金斯当时曾卖过一些陶制的水厕，近处细看的话，会发现上面绘有精致的柳枝。到了 1824 年，霍金斯准备为一种新式的、自动便携式水厕做广告，但没有留下详细的资料。

盆式水厕里有一个用链条连接的金属盆。平放时，上面的斗里装有几英寸深的水。牵动手柄时，盆会向下方移动，斗里的水会被倾泻到下面一个铸铁或铅做的容器里，然后再流入下面的一个排泄弯管。这个容器有可能被称作"蓄水器"（retainer）。班纳

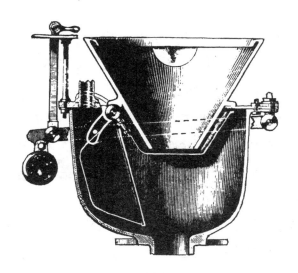

盆厕

106 发明了下水弯管并拥有专利，但同样也不能令人满意。即使后来
又增加了从边缘冲水，而且为装粪便的容器开了出口，但这些粗
糙的设施仍然需要改进，因为将出口与排粪道相连之后往往会使
情况变得更糟。然而这些设施竟然被沿用了一个多世纪。史蒂文
斯·赫利尔是正确安装管道的倡导者，他说一直到1891年人们还
在大批生产这种旧的设施。他用下面的话来结束他对这种现象的
谴责：

> 蜡烛的亮光不会马上消失，在它最后闪耀的时刻，火焰
> 反而常常会增大，如此具有活力，以致朝它走去的陌生人会
> 误认为它又从失去能量的状态中恢复过来，重新具有了生命
> 和光明。盆厕就是这种情况。

塞式厕所按照设计来看应该有一个塞子塞住出口，手柄向上
提起时才可以打开。但这种塞子密封不好，会漏水；此外，和盆
式厕所一样，各部件之间的连接有很多缝隙。这些厕所本身就有
很大的气味，当与封闭的粪道连接之后，臭气会顺着管道进入房
间。尽管这些厕所的缺陷是如此的明显，但在英国专利史上，前
一百五十八年期间（1617—1775），没有任何关于冲水厕所的发
明专利来改变这些缺陷。

107　　1775年，在《阿贾克斯的魔术》发表一百七十九年之后，亚
历山大·卡明斯第一个把这种发明的专利拿到了手。卡明斯是邦
德街（Bond Street）上的手表制造商。在他的专利中，人们可以

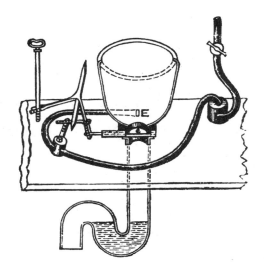

卡明斯 1775 年的阀门厕所

找到现代阀门厕所具有的所有特点：它的上面有供水用的储水箱，阀门与冲水系统、制动手柄、防臭弯管相连接，水被注入粪缸的下部，一个滑阀将水挡在下面的粪缸中。

　　这种水厕的好坏取决于粪缸的形状、注水方式以及防臭弯管的安装方式。在安装方式正确的情况下，在每次使用厕所之后，粪便可以或可能被及时排出。

　　当时的设施只有阀门，所以不够可靠。"可以或可能"这样的字句便可以说明这个问题。约瑟夫·布拉默将卡明斯的阀门改进之后，新的水厕设计方案沿用了一个多世纪。

　　布拉默是一位橱柜制造商，但安装水厕是他的工作之一，他用曲柄连接制动代替了不稳定的滑动。布拉默 1778 年获得专利。到了 1797 年，他声称已经做了大约 6000 个水厕。他所开创的水厕生产生意一直持续到 1890 年。在这样长的时间里，这种水厕一

108 直被公认是最佳款式。尽管之后又有赫利尔和其他人对之进行改进，但阀门厕所基本上是布拉默式的，而且现在仍在使用。皇家英国建筑家协会在管道街（Conduit Street）的办公旧址上保留了一个这样的水厕。可能有一些布拉默式水厕仍在使用之中。

在创造发明这个问题上似乎总是第二个人而不是第一个人获益。布拉默似乎被认为功劳最大，并且垄断了这个行业。所有这一切完全有可能属于卡明斯，因为除了连接的阀门，卡明斯的专

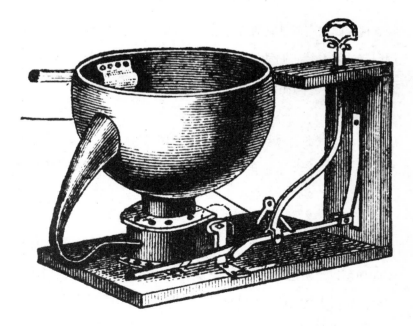

布拉默 1778 年的阀门厕所

罗兰森的作品（大约 1790 年）：管道工的工作

利具有布拉默专利的所有特点。

1814年，有一位撰写与水厕、烟囱、挂铃相关话题的先生，他的名字叫费尔。他说水厕在当时已被普遍使用，而且安装工艺很好。但他不得不承认，很多家庭仍然不得不忍受同样的臭气，就好像教堂的院子被四周房子的墙壁所封闭。任何绅士都不难想象，当气体被封闭在管道里，两头都堵得很死，没有地方可去时，就只好通过阀门泄漏到厕所间里（当然不是有意的），因而每次使用时臭气就被释放到厕所间，并伴有一种"咕咕"的噪音。A.J. 兰姆除了引用上述描写，还补充了管道工人遇到的危险：

> 两个工人差一点丧命。当他们掀起石板时，一个人弯下身去检查粪道。突然他被手中蜡烛点燃的火焰所包围。一声爆炸将一个水桶炸碎，将两个人炸昏，半掩的门被气浪关上，发出了很大的声音。

第九章　脸盆、便盆、钵

法国品味—橱柜匠人—卧室与化妆室—年轻人的零碎物品—盥洗盆的进化—精致的三只腿盆架—敷衍了事—角盆—可变式家具—梳妆架—便盆兼剃须台—漂亮的盥洗室—夜间偶急时—夜台—坐便器—"洗台"，一个意思模糊的词—"少女"—透视镜不用于剃须—便盆橱—便盆的历史—便盆的前身—无需隐蔽—陶瓷制品—铅，锡合金，锡，银，玻璃或镀金？—英国陶器—早期粗糙的镀层—白色陶器—瓷器的印刷—真正的细瓷—迈森，圣克罗德，塞夫尔—暴君与本杰明·富兰克林—租用便盆—便盆的笑话—淫秽诗句—随行便盆—便盆作为攻击武器—铁路历史留下的文物—卧室音乐—不识时务的娱乐

112 　　就品位而言，英国人在 18 世纪前半叶的生活习惯和家具设计方面与后半叶截然不同。18 世纪前半叶的英国人保持了 17 世纪粗简的生活方式。人们在水泵下进行清洗，开粗俗的玩笑，喝廉价白酒。1750 年之后，"法国品味"风靡整个英国社会，人们开始喜爱智慧、香水和葡萄酒。追求时髦的英国人开始变得温和高雅，就连奇彭代尔、赫普尔怀特、希勒或希拉顿为他们做的家具也随主人一起改变了。事实上，家具的主人不一定非得是一位上层人物，赫普尔怀特介绍样品的书上并没有说他做的家具只供上层人物使用，上面写的是供"伦敦居民"使用。

　　当我们的视线从茅厕转向卧室与化妆室时，便进入了名副其实的高雅时代了。希拉顿说："化妆室里展示了梳妆台和便桶，还有所有梳妆用的小物品，如盆架、凳子、镜子以及一些盒子，里面装着年轻人喜欢的小东西。"在这里我们可以追溯盥洗盆是如何从中世纪的洗手盆进化而来的。大约是在 1740 年，这种洗手盆以一个轻巧精致的三只腿盆架的形式出现，一个陶瓷小盆放在一个圆形的凹槽或有孔的部位，下面一层可以放一个小水罐，里面也许是加了香料的化妆水。在盆和水罐之间，还可能有一层架子或微型抽屉，用来放一些零碎物品。一种晚些时候出现的款式在放盆子的地方是一个圆形的盒子，上面的盖子打开之后是一面镜子。在法国，在采用大理石和陶瓷做架子上部的防漏材料之前，原来使用的材料在加工完后常常渗漏。但是，对于大男人来说，这种

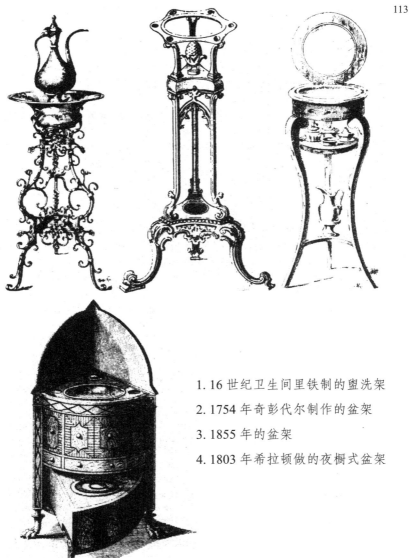

1. 16 世纪卫生间里铁制的盥洗架

2. 1754 年奇彭代尔制作的盆架

3. 1855 年的盆架

4. 1803 年希拉顿做的夜橱式盆架

小盆子本来就是用来敷衍了事的，因此也不会尽情地大洗。

大约在 1770 年，盥洗架被移到了一个角落。架子的上部变成了一个四分圆，可以放置一个较大的脸盆，边上有多余出来的孔，用来放置圆形的肥皂托盘。希拉顿用图展示了这些架子。

114　　很快，伦敦著名的箱匠们就开始发明各种带有其他各种设施的化妆台或剃须台。他们喜欢做那种具有滑动和折叠功能、制作精美、具有变化性的架子，把化妆台或剃须台装在一个结构复杂、但看上去却很简单的东西里面。希勒在他的产品手册里介绍了 1788 年他自己设计的女式梳妆台：

> 方形坐便盆前有两个实用的抽屉和两个装饰性的抽屉，用两个可以活动的腿来支撑；装镜子的框可以滑动，有四个杯子；侧面有活动翼，可以用来遮盖与抽屉后部连接的便盆，后面有一个容器用来承接便盆中流出来的水；一个完美的坐便。

赫普尔怀特同年写的《箱匠与装潢用户手册》(*Cabinet Maker's and Upholsterer's Guide*) 中描述了一件制作十分相似的用具。

115　　赫普尔怀特的坐便、剃须两用台 (Bidet Shaving Table) 有一面镜子，镜子可以通过一个棘轮调节到所需的任意高度。台子下面有一个浅盆，使用时可以向前滑动：当坐便盆被封闭时，其三角形支腿与主要支架的三角形支腿共同构成一个正方形的支腿，从而被隐蔽起来。法国也有类似的盥洗用具进口到英国；1771 年

赫普尔怀特 1787 年发明的剃须台

贝德福公爵夫人在她伦敦的卧室里就有一台从法国进口、用精美的玫瑰色木头装饰的厕所，上面有紫色的图案。

希拉顿建议卧室里应该包括此类用具"以备晚间偶然使用"。赫普尔怀特也为这些偶然的使用机会而潜心设计。他的"夜台"有相似的遮蔽设施，用来遮蔽坐便器。坐便器上方的主橱可能会放置一两个便盆；橱门由排列的细木条制成，与结实的帆布粘连在一起，可以灵活滑动，开橱门时还可以拐弯。这样做工精致的用具在使用了一百七十年之后仍然完好无损，可以继续使用。

在这里需要简单引证一下坐便器的发展。17 世纪时，人们还不知道坐便器这个词。1710 年，德普里夫人在坐便器上接见达让森侯爵时首次提到。1739 年以后一些推销商开始在巴黎进行广告宣传，但早期的一位推销商不太明白它特有的形状，把它当作"一个陶制的、有四条腿的提琴箱"。1750 年出现了盥洗坐便器（bidets à seringue）①，1762 年，一个金属制成的、带腿的、便携式坐便器诞生了，它是为了方便军官们上战场时使用的。在敌人使用炮火攻击时，保持坐势显然比较安全，因为这种款式具有防震作用。

除了鲍切尔，还能有谁呢，他以一个坐便器为背景画了一幅具有创意的肖像。那位波帕多尔有两个这样的坐便器：一个是红木制的，上面雕有漂亮的花纹，连接部位和支撑腿是镀金的青铜做的，便盆是锡做的（切勿与镀锡铁相混淆）；另一个坐便器是用核桃木做的，上面有一个盖子和一个用红色摩洛哥羊皮做的靠背，靠背上有镀金的钉子，靠背后面有两个透明的瓶子和一个陶瓷钵。

起初坐便器是放在衣帽间的。在可变式家具时期，坐便器可以被隐蔽起来，之后，坐便器就被移到了卧室。带有遮蔽式坐便器的"夜台"1783 年在巴黎出现，可能就在赫普尔怀特之前不久。从此，坐便器就被隐蔽了起来。对于英国人来说，坐便器总是带有一种非常不好的气味，所以一直不愿意接受它。到了 18 世纪 90 年代，才在一些浴室的设计中见到坐便器，但也仅限于那些外

---

① 一种很浅的盆，最早用来洗下身，后来用作坐便器。

1. 1754 年奇彭代尔的剃须台
2. 1754 年奇彭代尔的脸盆架
3. 1787 年赫普尔怀特的剃须台

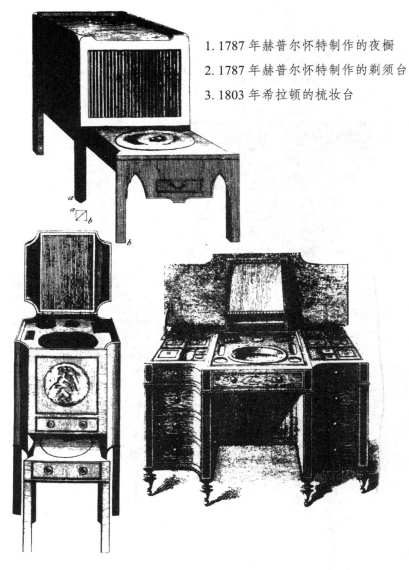

1. 1787 年赫普尔怀特制作的夜橱
2. 1787 年赫普尔怀特制作的剃须台
3. 1803 年希拉顿的梳妆台

观最堂皇、结构最复杂、使用最频繁的浴室，因为那些地方一般都有设计很周到的橱柜。今天的英国中产阶级家庭中，只有不到千分之一的家中有浴室。①英国三星级宾馆中的坐便器设施与法国五级、意大利四级、西班牙三级的宾馆相比一定很差。②几十年前，纽约的瑞兹·卡尔顿宾馆大胆地安装上了坐便器，但在一些自称是公共道德卫士的人的压力之下被迫立即拆除。如果是今天，也许一趟便宜的出国旅行就能让英吉利人很快发现并接受这个实用而隐秘的家具。（此处避免使用"英国人"，因为苏格兰人即便受到法律强迫，也肯定立场坚定地拒绝接受。）

回到18世纪的"夜台"。夜台又被称作"夜用台"，这是一个意思模糊，需要解释的词。奇彭代尔以及他所代表的一派将几乎所有带抽屉和装饰的坐便器都称作夜用台，许多博物馆也仍然保持这种说法，所以就造成许多参观者看不到藏在夜用台里面的坐便器——钵。床头柜最早被称为"夜用台"，柜里或屉里放一个钵，或将钵固定在里面；后来这个词就仅指这种样式的家具。关于厕所这方面的语言发展的确是词源学家的一场噩梦：chamber 一词原意为"寝室"，因为 chamber pot［寝室中的钵，夜壶］一词的使用，而使其具有了 pot［钵］本身的意思；形容词 privy 的意思为"隐秘"，"私下"，原来用于 privy chamber，表示隐秘的房间（厕所），现在成为名词，意指这种房间本身；closet，本意为小房

---

① 本书写于1960年，这个现象应该是指20世纪50年代。
② 当时的宾馆一级为最高，五级为最低。这里指英国的三星级宾馆设施还不如法国最低级别的宾馆。

间，因 water-closet［水厕］的使用而使其意变为水厕的设施，而不是指房间本身。Lavatory，清洗处厕所变成了水厕；对于一些讲究的制造商来说，还指水厕的设施。使用 apparatus［设施］一词仅仅为了表示准确而已。值得庆幸的是，对于区分不清楚这些词义的外国人来说，W.C.是英国人对于通用语言的三大贡献之一。另外两个词是 bar［酒吧］和 sport［运动］。

法国的夜橱

　　关于夜台就说这么多了。众多不同的夜台样式都含有三级台
119 阶，每级台阶上面都铺有地毯，就像一般楼梯上铺的一样，这是用来登上当时很时兴的高架羽毛床用的，但里面隐蔽地放着一个坐便器。后来，夜台没有了腿，变成了一个看上去很普通的床头柜。有一种款式很小，很容易携带的八边形或圆形夜台，制作年代很久远，使用的时间很长；一些业余的古董收藏者可能会感到十分好奇，不清楚这种被他们当作小咖啡桌或针线盒的东西，原

"少女"式梳妆台

来究竟是做什么用的。

一种很古怪、少见的家具在法国被称为"少女"（demoiselle）。它是一个可以代替侍女的机器人。有的款式看上去就像是一个女人做活儿用的缝纫台，但也可以用来挂假发；如果加上可以调节的臂就可以在需要的位置放镜子和盆；它还可能有一个台子用来放置盥洗室里那些杂物。在夜间不太黑的卧室里，它近似真人的造型一定会让人感到，它是一个不会动的陪伴。

许多教科书中提到的所谓的 18 世纪的剃须台，在古董商店里 120也可以看到。它们实际上并不是用来剃须的。它与盥洗没有任何关系。它有一个圆形底座，上面直立一根木制的、可旋转的柱子，柱子上带有一个可以调节高度和斜度的镜子和一个很大的凸镜，英文叫作"zograscope"，是用来仔细观察雕刻作品的。透过它所观察到的是被放大了的、但却被颠倒了的画面。所以，18 世纪的印刷品上常常会有被颠倒的字母和地形图。

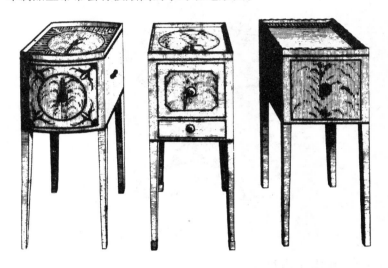

1787 年赫普尔怀特的钵橱

赫普尔怀特展示了家具中一些有趣的小钵橱。这些小钵橱本来都是卧室里使用的。但在餐厅放置餐具橱的地方，有专门的架子用来放置一些这样的钵器，以便那些在餐后继续喝酒的男人们使用。这个有用的、被称为"夜壶"的小容器值得在此小叙它的历史。

夜壶的前身是中世纪的一种容器，一般用玻璃制成，有时是用镀釉的瓦罐制成，也有个别的用金属制成。它的瓶颈很细，瓶口很宽，呈漏斗形。它有两个优点。此时人们还不穿睡衣和睡袍，

121

明目张胆放置夜壶

中世纪的夜壶

天冷时容器可以放在床上，人们不出被窝就可以使用。如果是玻璃的，它便是理想的"尿液观察器"，有经验的医生可以仅仅通过眼睛看出各种失调症状。当今的医院用的是相似的方法，只不过认为仅仅依靠观察是远远不够的。如今单飞的航空兵，发现装牛奶的瓶子也可以用来装小便。迪巴里公爵 1416 年时有一件这种玻璃的、装饰精美的容器，是用四条金链挂起来的。维奥莱公爵1871 年写道，中世纪的容器在样式上"与今天的一样"。

从 14 世纪开始，比较像样的夜壶便出现了，它们有可能是锡、锡合金、黄铜、银或黄金制作的。一些示意图上明目张胆地将其放置在卧室里床腿部位的凳子上；此时人们还没有意识到需要将其隐蔽起来。关于陶制夜壶的记载始于 1418 年。1471 年法国一座封建城堡的财产清单中，关于房间设施的目录中列出了 12 个铅制的、不易清洗但也不轻易溢漏的夜壶。伦敦博物馆里那些已被收藏的、不再展出的夜壶中，第一件被认为是当作夜壶使用的钵是用锡合金制成的，现在看上去很旧，磨损得很厉害。更早的陶制夜壶可以追溯到中世纪，甚至罗马时期，有一些可能并没有明确说明是作为夜壶来使用的。在兰卡斯特市政大厅（Lancaster House）那些高大的架子上摆放着数不清的钵器，专业人员一眼便可以看出，夜壶与厨房用的钵器被不加区分地放在了一起。它们的样子是不一样的。单柄的不是夜壶，因为夜壶一般都是两个柄。

1615 年的杜兰尼城堡中有 22 个锡制夜壶。詹姆士一世有一个银制的、镂雕精美的夜壶。1653 年马扎然大主教有一个玻璃的、用天鹅绒套起来的夜壶，上面装饰着金带、丝绸和带缨穗的结。

路易十四有两个银制夜壶，壶上雕有他的武器。他还有两个相似的备用品，但他打仗时携带的是另一个特制的镀金的银制品。

英国本土陶器的发展始于北斯塔福德郡（North Staffordshire）。大约从17世纪中叶起，那里便有一群人数越来越多的农民制陶艺人。他们开始制作的陶质夜壶很粗糙，目的是使用而不是摆设。偶尔镀层，也仅仅是镀一层粗糙的黄色或绿色的铅，还常常是镀在里面。18世纪中叶，制陶业找到了一种可以使陶器内外一样洁白的技术，那便是将所选用的白色燃烧着的黏土与磨细的硅石掺合在一起。当时的瓷制夜壶已经达到了二百年之后英国标准协会所制定的卫生制品的材料要求。因此，它应该是"耐用、不渗漏、抗腐蚀、表面光滑、易清洗"的。这种精细的白色瓷器为后来的彩色涂层以及再后来的图案套印奠定了一个很好的基础。1754年，利物浦的萨德勒先生发明了在瓷器上印刷的技术。经过装饰的夜壶，如同坐便器里的便盆一样，成为给人以美感的东西。16世纪，真正的细瓷从中国传到欧洲，1710年在德国迈森首次仿制成功。1746年，当原产于日本的圆形夜壶在圣克罗德制作成功之后，这个领域里真正的瓷制夜壶便出现了。 123

1776年，凡尔赛展出了塞夫尔的瓷器。有一张美国使者本杰明·富兰克林的巨幅画像与雕刻着法国暴君的夜壶一起，被很不得体地、在路易十六的眼皮底下卖掉。"暴君"对所受到的羞辱不理不睬，悄悄地从塞夫尔买了一个夜壶，上面同时有富兰克林和"暴君"的画像，这样才了结了他的羞辱感。

帕森·伍德福德在他的日记中曾对1785年寒冷的霜冻有过描

述，他说床底下的夜壶都冻住了。

18 世纪时夜壶甚至可以被租用。法国雷恩市政府在市政大厅举行大型舞会，他们以每个 3 索尔（sols）的价钱租用了 51 个夜壶。舞会一定办得非常有秩序，因为他们最终只赔偿了两个被损坏的夜壶。

大约到了 1800 年前后，一些夜壶的制作非常精致，造型实用，上面刻满了浮雕，外面是花卉，里面或许是一只很形象的青蛙。有一些关于各个阶层的笑话，一般都是围绕某些禁忌而编的，所以夜壶便成了笑话的必然来源，而且还可以将笑话设计在夜壶的图案上。有时在夜壶的底部可能会画一张拿破仑的肖像，或一只眼睛，边上写着这样的诗句：

> 充分使用我，保持我干净，
>
> 我不会说出，见到的情景。

这句俏皮话流传如此广泛，以致在今天还可以看到这样的话。莱斯特市博物馆中有一件非常漂亮的桑德兰（Sunderland）光瓷，上面什么都有：里面有青蛙，上面引用的话语，还有很多看上去十分尊贵的游人偷偷抄下来的"淫秽诗句"（宣传册上这样说）。

"赶车的人"在车的座位下放有车用夜壶；赶车人座位下常常钻有一个洞，只需将坐垫拿起来就可以使用了。

便盆作为攻击武器的历史可以另写一章。这种攻击作用存在于较早的时期。1418 年，一位名叫博代（Baudet）的人被赶出巴黎，原因是他将一个夜壶摔在了一位女士的头上。

画家之中最文雅的画家格勒兹，也同样遭受过妻子用便盆进行的攻击。孔戴王子通常是很勇敢的士兵，但他也承认，当巷战变成双方互扔夜壶时，发射这种"导弹"是多么的可怕。

124

19世纪末的许多夜壶是非常精美的陶制艺术品。英国交通部历史文物馆的执事掌管着一批很有价值的文物，其中包括：

大中央铁路公司用过的、涂有蓝色标志及内釉的夜壶（斯伯德生产）。

伦敦东北铁路公司用过的、涂有浅蓝色标志及内釉的夜壶（明顿生产）。

伦敦国王十字火车站大北旅店用过的、用绿色线条装饰、标志位于底部的夜壶（道尔顿生产）。

曼彻斯特、谢菲尔德及林肯郡铁路公司用过的、涂有蓝色标志及内釉的夜壶（斯伯德生产）。

费利克斯托火车站巴斯旅店用过的、涂有青绿色内釉、用红玫瑰和绿叶装饰的夜壶（道尔顿生产）。

伦敦东北铁路公司在诺福克阔地地区用过的、外部及内边上有阔地风景及风车图案的夜壶（道尔顿生产）。

19世纪末，用可以放音乐的盒子将坐便器隐蔽起来可以算是一大趣事。当坐便器被拿起来时，就会从盒子里放出动听的音乐，尴尬的客人无法将其关闭。但这又不能说是趣事：1820年，米特尼王子在弗斯登堡王宫下榻，半夜被床附近的笛声吵醒，他的夜台在向他提供娱乐，他找到了开关，按了一下，音乐停止了。之后差不多每隔一小时音乐就会重复一次，给他带来一些小小的噪音。当他早上对此表示抱怨时，他的侍者说，王妃自己的夜台演奏的是号乐——

　　年轻夫妇易疲倦，这样可以使他们安睡。

第十章　浴盆与臭虫

　　金属浴具—家庭浴室—移动浴室—克莱门特发明了釉—米莉·戴维斯匆匆离去—M.莱弗尔的试验—浴盆作为精美的家具—性爱用途—摇篮式浴盆—滑铁卢之战是在浴室里赢得的吗？—博阿尔内的浴室—拉帕瓦的摩尔式浴室—吉拉尔的水晶浴室—施韦青根的官殿—皮狄官—马车上的热水浴缸—英国少有的奢侈—诺里奇的精神病人—爱丁堡的浴室—沙德洛斯大宅的浴缸—霍华德在各个医院—看守所有浴室吗？—对脸有害的水—女人比男人形象好—骑手的担架—伦敦市长二十年不洗澡—惠灵顿的榜样—拉塞尔的浴盆重 1 吨—恋水的狂热—科贝特向热恋中人的建议—肮脏的偶伴—他妈的臭汗—官中没有浴盆—乔治四世在布莱顿的浴盆—向女王敬献杀虫剂—臭虫的本性—姆菲特紧急前往莫特莱克—波斯的办法很有趣—女王列车上的厕所—普通乘客的欣慰

126   大理石浴盆用上去感觉很冰凉。尤其在沐浴习惯普及到千家万户之后，由于没有众多的仆人，那些被浸透的浴垫和浴布很不受欢迎，加之大理石很重，造价很高，因而人们便开始使用金属浴具。1680 年，波尔多大主教的管辖区有人开始使用黄铜浴具，除了基座和盖子，全部用金属制成。更为普通的样式是给木制的浴具加铜衬或铅衬。我们曾经在书上看到过 1759 年的一套配有水箱和加热炉的黄铜浴具。第一则宣传家用浴具的广告也许是 1765 年巴黎的一份报纸。从那以后，类似的广告层出不穷，还有许多是宣传可以在院落或花园里安装的移动式浴具。

黄铜在很长时间里一直都是最受欢迎的浴具材料；它有韧性，而且不生锈，但太昂贵。锡有时也可以作为原料。铁板会生锈，而且当时的技术水平也无法用铁板来锻造浴具。1770 年，一位名叫 M. 克莱门特的人发明了一种可以涂在铁板上并且能够承受热水的釉，据哈弗德说，从那以后，大理石浴具仅仅出现在某些可爱而又出名的美女家中。

1778 年，当法国歌剧中一位名叫戴维斯的小姐（Mlle Devise of the Opéra）"在月光下逃走"时，仓皇之中留下的唯一物品便是那个黄铜浴盆。因为那浴盆与用于加热的圆筒连接在一起。当时的加热筒与标准尺寸的浴盆在容量上无法相比，因此水的加热比较困难。巴黎一位名叫 M. 勒韦尔（M. Level）的人做法与一般人不同。他非但不加大加热器，反而缩小浴盆，使其变成一个椅子大小的东西。他的加热器使用的燃料是酒，非常昂贵。他试验用煤和焦炭作燃料，但都遇到了烟的问题。当时还没有人想到从另一间房子的加热器里引水，也许是因为浴水本身的温度已经很低。

127

形状像沙发的浴盆

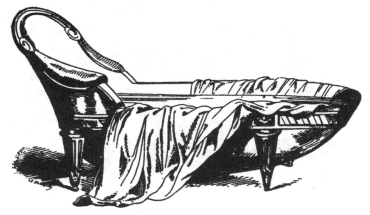

小浴盆

128

"重返年轻"，1600 年

为了装饰梵蒂冈贝比那大主教（Cardinal Bibiena）的浴室，拉斐尔根据一幅壁画雕刻了这幅画

美感，1773 年
在人类历史上，性爱场面在浴室内外比比皆是，在梵蒂冈也不例外

我们发现这个时期的浴具都是按精美家具标准来制作的：圆形的像椅子，长形的像沙发，具有柔软的靠背，都经过箱匠的装饰。如此明显的、旨在让人欣赏的设计，使得这些浴具完全有可能具有大人物卧室中高雅家具的特点。一些浴盆上的色情语言示意了一种可以打开的躺椅，展开之后里边有一个用来沐浴的浅盆。卡萨诺瓦在巴黎住处的浴盆是可以搬动的——可以放在他的床旁边——浴盆可以容两个人同时洗浴。哈弗德的浴盆尽管是用金属做的，但却像大理石浴盆一样松松散散地装饰了很多浴布。如果浴布长时间像图上所示的话，布的吸水作用以及人的性活动一定会将浴盆中所有的水都溅到地毯上。

130　　　摇篮式浴盆是一种很不结实的、用木头做成的鸟哈壳，内壁镀上金属层悬挂于两个用贝壳装饰的支柱上，是给小孩子用的罗马式垂悬浴，倾倒脏水很容易，这种沐浴方式可能是"将孩子连

摇篮式浴盆

131

巴黎香榭丽舍宫拉帕瓦的浴室

同洗澡水一起倒掉"一语的渊源。

作为法国总统的贵客，伊丽莎白女王二世与其他客人最近享受了巴黎爱丽舍宫一处重新修复的、金碧辉煌的浴室。据说浴室是专门为拿破仑修建的。拿破仑每天要用非常热的水洗一次澡。一位历史学家曾经说过，如果他不是因此而消耗了过多的体力的话，历史的轨迹可能会完全不同。惠灵顿① 每天洗的是冷水浴；也许滑铁卢之战的胜利是在浴室里赢得的。如果浴盆被搬走，这套房子可以用作一个小舞厅。镜子上绘有各种图案，映出辉煌的吊灯。沐浴的人走出浴盆时，可以踏着豪华的地毯走到白色大理石的壁炉旁边揩干身上的水。

波弗兰德为欧仁·德·博阿尔内建造的帝国式浴室在巴黎的里尔街（Rue de Lille）至今仍然可以看到。它的所有墙壁都用镜子装饰，映照出林立的支柱以及众多穿梭其中的沐浴大军。巴黎另一处至今仍然可以看到的堂皇浴室是现在旅行者俱乐部的所在之地，香榭丽舍宫里以前的浴室是在第二帝国时期为当时的名妓拉帕瓦而建造的。浴室为摩尔式建筑，浴盆采用的材料是镀银的缟玛瑙，龙头用绿松石装饰，摩尔式的天花板檐口是钟乳石做的。吉拉尔描述过一个透明的水晶浴室，这样的浴室没有能够幸存到今天，因为它的使用者无法遮蔽自己的身体。在施韦青根的选帝侯宫（Elector's Palace），巴登的格兰·杜切（Grand Duchy of Baden）有一间最好的浴室，18 世纪中叶，浴室按照凡尔赛宫

---

① 惠灵顿：英国将军，1815 年 6 月在滑铁卢战役中击败拿破仑。

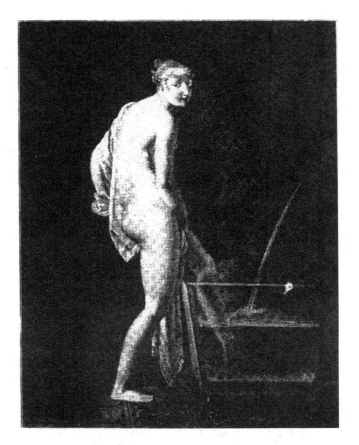

吉拉尔根据"妓女生活中的一天"所作的雕刻

的式样重修，至今仍然可见。浴室的地面用粉红与黑色大理石相间铺成，墙壁用白色拉毛粉装饰，墙上有周围镶着紫水晶的平面，上面的浮雕是古希腊神话中的仙女。浴盆边上的装饰是用拉毛粉模仿的浴布，垂落在地上，形成三个台阶。缠绕在浴盆边上的8条装饰蛇通过蛇口向浴盆内供水。

佛罗伦萨皮狄宫里的皇家套房里有一间新古典式的浴室十分　133

兰森：路易十六时期的浴室设计

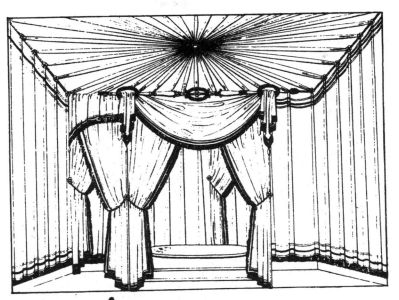

1800 年前后的法国浴室

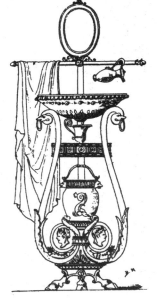

1800 年前后皮尔斯设计的盥洗架

宽大显赫，以至于任何普通的人在洗浴时要想仅凭视觉去感受它的效果都是很可笑的。在这种比例的房间里，一个人极少有机会向他的侍从展示那种所谓的英雄气概。即便是肥皂出现在这里看上去也很怪。

137　　大革命之后，贵族与豪门的沐浴差别依然存在。进入 19 世纪之后，在相当长的时间里，巴黎卖水的人仍然用马车拉着装满热水的浴缸卖水，并将浴缸送到用户的房间里。1838 年，巴黎一共有 1013 个这种经过登记并有执照的家用浴缸，只有 2224 个固定的浴盆（缸）。在英国，这种奢侈设施就更少了。1765 年时，诺里奇开办了一家私人精神病院，内有冷热水浴室，用来治疗那些难以驾御的病人。精神正常的人却很少安装和使用它们。1770 年，《爱丁堡广告》曾宣告"一个整洁的浴室要向绅士们和夫人们开放"，但我们所知道的有关它的一切，仅仅是提供清新的水而已。1789 年，白金汉郡（Buckinghamshire）的沙德洛斯大宅有一个新浴缸，价值 4 畿尼。同年，监狱改革者霍华德注意到，尽管盖斯医院有多个设施非常好的浴室和一开门就自动冲水的厕所，圣乔治医院却只有一个浴室而且从来不使用。伦敦医院有时会借用这个浴室，但这个浴室是在一个肮脏的地窖里，一共有 126 个病人

138　使用过它。有一位卢卡斯医生，卫生习惯比他的名字更讲究。他提议应该"在监狱、看守所以及所有限制人身自由的地方"设立浴室。他的提议当然不起作用。

　　1782 年的一本礼仪手册建议人们每天早上应该用白色的织物洗脸，但告诫大家不要将织物放入水中清洗，因为那样会使脸部

对于寒冷和灼热过于敏感。一位医生在 1801 年写道："大部分居住在伦敦的男人和许多女人都有每天清洗手和脸的习惯，但却年复一年地忽视清洗他们的身体"——女人们似乎比男人们的形象好一点儿。诺弗克第十一世公爵查尔斯·霍华德是一位知名的骑

佛罗伦萨皮狄宫里的新古典式浴室

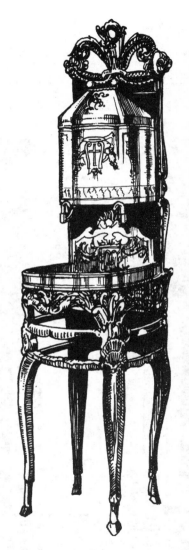

法国 18 世纪晚期的洗脸架：木制、水箱和洗盆用雕花的黄铜制成

夏日的愉悦（1741 年）

手。根据奥斯伯特·斯特威尔和玛格丽特·巴顿的描述，他不希望洗澡，却常常被迫洗澡：

> 公爵的酒量与他的饭量一样大：他把别人喝得烂醉如泥，然后到其他什么地方去度过剩余的夜晚。更值得一提的是，他从来没有醉酒的前兆，然后就突然不会说话，坐在自己的椅子上一动不动。在他马上就要失去知觉的时候，他会做一个动作，然后一个仆人就会摇三遍铃，四个男仆会同时抬着一副担架进来。在一片绝对寂静之中，他们以经常实践而变得灵敏的动作将他抬起放在担架上，做一个优雅的手势，房间

里公爵的所有东西都被移走。如果他失去知觉，不能反抗，他们就会主动脱去他的衣服，用肥皂和水为他擦身；一个十分必要的仪式，因为公爵很讨厌见到水，并且决心无视它的存在。

1812 年，伦敦市长先生以"沐浴这个想法从来没有人反对"为理由，要求在办公大楼内安装一间淋浴室。市议会（Common Council）驳回了市长先生的请求，并且说，如果他想安装，只能自费安装一个临时的。但二十年之后，他们不但同意安装浴室，而且还同意安装热水供应设施。这也许是因为他们看了惠灵顿公爵的样子（前面提到过，他每天洗冷水浴）。还有约翰·拉塞尔勋爵，他后来做了首相。他为自己设计了一个巨大的红木浴盆，内壁用铅板铺衬，重量有 1 吨左右。

1829 年，一位超前的思想家十分赞赏那些在 8 月份举家到海边去的人所表现出来的恋水狂热。他甚至认为，沐浴应该是每天的活动，而不应该是一年一次的活动。当时神志正常的人认为，经常洗澡会患上风湿病和肺病，或加重病情。科贝特被认为是一个危险的卫生方面的激进者，他在《恋人须知》（*Advice to a Lover*）一书中写道，洁净是

139　　最重要的调料；至今还没有，将来也不会有任何男人会将心中那一份持久、真诚和炽热的爱洒向一个"肮脏的偶伴"；我是说任何英国的男人，或美国那些英国人的后裔。

所以他建议那些热恋中的男人去查看女人耳朵的背后。那些不属于英国后裔的美国人可能还在继续喜欢那些肮脏的偶伴。佐治亚州的一个皇家公爵属于看法不同的另一派，他说是汗水让男人保持干净。

1837 年，当维多利亚女王登基时，白金汉宫里并没有浴盆，但议会投票同意每年为她的"卫生设施"拨款 5000 英镑。尽管这笔钱中还包含了她的服装费用，但宫廷还是做了计划，向她卧室里的移动式浴盆输送热水。与此同时，维多利亚还继承了一个浴盆，那是乔治四世在布莱顿的皇居中的浴盆。这个浴盆长 16 英尺，宽 10 英尺，深 6 英尺。这不应该说是一个大浴盆，而应该说是一个小泳盆。该盆使用的水是"用机械和很多管道引来的海水"。人们从未见女王使用过它，事实上，她最终还是把它拆了。浴室里白色的大理石被锯断，作了白金汉宫壁炉的材料。看来，追求洁净的潮流与皇家并没有什么必然的联系。当蒂芬父子公司在宫中打出他们的广告时，似乎并没有人提出反对意见：

蒂芬父子公司

向尊贵的女王敬献杀虫剂。

但从某种角度来看，这也许是一种好的榜样。这个家族中年老的长者非常和气地强迫不知疲倦的宫廷编目人梅休用下面的叙述记载下了伦敦生活的细节。

　　我们的生意可以追溯到 1695 年，那一年我们的一位祖先第一次注意到消灭臭虫。

　　……我知道有一只臭虫，每天晚上从一个角落爬 30 或 40 英尺——那是一间非常大的房子——去拜访一位年长的夫人。屋里只有一只臭虫，它会在那里呆很长时间。夫人叫我把它找出来。我花了很长时间才抓住它。在那种情况下，我必须检查房间的每一个地方。我抓住它后，多捏了它一下，然后再送它出去。

　　……我仅为上层阶级工作；也就是说，为乘车的阶层和接近乘车阶层的人，知道吧。在英国，我是第一个将贵族们的名字记在本子上的人。

140　　……有一次我在夏洛特公主自己的床边工作。我在房间里，她问我找到虫子了没有，我说没有。但就在说话的那一刻，我恰巧抓到了一只。她立刻从床上跳起来，将手扶在我的肩上，要看一看它是什么样子。她被这只臭虫折磨了很久。当公主看到它时，她说："噢，这个讨厌的东西！就是它昨天晚上搞得我睡不着觉。不要让它跑了。"我看到它一点儿也不害怕的样子，因为它品尝了皇室的血液。

　　诸位蒂芬先生并不是首先声称为皇室灭虫的人。1775 年，霍尔本希尔（Holborn Hill）的安德鲁·库克曾吹嘘他为 16000 个床铺清除过臭虫，也为皇宫中的人清除过，受到很多赞誉。他对自己的对手愤愤不平，认为自己才是广告宣传中的"国王的杀虫能手"。更早的广告是在 1740 年，玛丽·苏索尔虽然没有得到皇室的赞助，但却得到了皇家协会（Royal Society）的认可：

玛丽·苏索尔

玛丽·苏索尔是约翰·苏索尔的继承人。约翰·苏索尔是第一个，而且是唯一的一个发现臭虫本性的人，是《论那些令人恶心的、有毒的虫子》一文的作者。皇家协会曾准许发表其文章（为此，他有资格接受大家广泛的谢意）。

玛丽·苏索尔告知大家

自约翰·苏索尔去世之后，玛丽·苏索尔开始从事同样的营生。她住在苏斯华克基督教教区的贝尔街（Bearlane）玛丽·朗德尔（Mary Roundhall）的家里。类似这样的绅士家庭，如果受到臭虫的困扰并希望除去这些害虫，可以到上述地址提出要求，与她达成简单的协议。她一眼就可以准确地看出哪些床上有臭虫，哪些床上没有臭虫，并且告诉你清除它们需要多少费用，她从来不多要钱。

那些付不起灭虫费用又希望自己灭虫的人，可以到她的住处找她，她会提供不同的药水等等。

如果我们相信上面提到的苏索尔的《论臭虫》一文是对动物学的贡献，那么关于臭虫的可怕故事也是不太久远的事情，因为他确认在 1670 年之前，在英国没有人知道这种虫子。它是随同一

杰克·布莱克，为女王捕鼠的人

批木料进口而来的。那批木料是用来重建"伦敦大火"之后的伦敦城的。托马斯·姆菲特医生在他的《昆虫的活动场所》一书中提到，潘尼医生曾经被紧急叫去给莫特莱克（Mortlake）的两个贵妇看病。她们都认为自己出现了感染瘟疫的症状，后来被认为

臭虫才是真正的原因。1583 年时，没有一个专家知道弗雷亚·斯 142
塔克在波斯发现的好办法：在房间四周顺墙角挖一个窄沟，灌满
水，就会阻挡或淹死所有的臭虫。

1840 年，当大西部铁路公司建成了首列皇家列车"皇室沙
龙"（Royal Saloon）时，维多利亚女王是第一个拥有铁路车厢厕
所的人。它宽 7 英尺，有 6 个轮子。瓷制便盆的基座上带有一个
装污水的桶，前面半圆形的部分优雅地装饰着丝绸。这个美妙的
厕所被英国交通部收藏。1850 年东南铁路公司在皇室沙龙的沙发
下面隐藏了一个别出心裁的方便器皿。60 年代之前，普通人的车
厢里不提供这方面的设施，后来仅用于私人沙龙间内。到了 1874
年，英国普尔门式车厢有了带阀门的水厕。到了 1881 年，中部铁
路上三等车厢里的乘客也能够上厕所了。

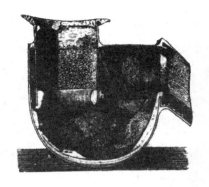

第十一章 霍乱的年代

城市卫生的退步—19世纪30年代的利兹—死亡率—圣吉尔斯的贫民窟—威斯敏斯特教堂的地下发现—背靠背的房子—客厅地下的粪坑—淘粪工—浅水沟重现—被污染的水井—马车事故—热病—坏天气的征兆—在温莎城堡的地下发现—温朴尔街和哈莱街—伊西先生的猫死了—乡绅的淡水鱼死了—非常规供水—铁质管道—泰晤士河水—布里斯托干燥的星期天—水车—霍乱—埃德温·查德韦克—查尔斯·金斯利—卫生意识—公共浴室和澡堂—朗伯斯区的道尔顿—简陋的茅棚—圣马里勒伯恩的浴室—乔治街的浴室—首例公共卫生法案—粪便清理法案—泰晤士河的状况—垃圾卫士—下水道委员会的调查—时尚广场—下水道的老鼠—淘粪工被淘汰—约瑟夫·巴扎尔盖特—伦敦的新式排水系统

在规模较大的城市，排水系统逐渐得到普及，但由于缺乏 144
经验和施工草率，加之维护不当，当时的一些排水系统利弊并
存。19世纪前三十年内，大伦敦的人口几乎翻了一番，达到150
万。接下来的二十年内人口又增长了100万。由于房东出租的贫
民窟内居民拥挤不堪，再加上当时盛行的不干涉思潮以及社会各
阶层对卫生意识的淡漠，城市卫生标准倒退，甚至远不如未安
装管道的农村地区。在《维多利亚早期的英国》（*Early Victorian
England*）一书中，R.H. 莫特拉姆引用了一篇关于19世纪30年代
利兹情况的报道：

> 在所检查的568条街道中：68条街道铺设了路面，96条
> 街道既没铺设路面，也没有排水系统，更没有人打扫。其中
> 一条住着176户人家的街道已有十五年没有人打扫。所有的
> 街道到处都流淌着污水；200条街道上乱七八糟地拉满了晒
> 衣绳。500多个地窖里有人居住。156所小学中只有7000名
> 儿童。在主日学校就读的有11000人，另外15000人没有接
> 受任何教育。全城共有451个酒吧，98个妓院，两座教堂和
> 39个会众聚会所，清洁的街道死亡率为1:36，而污秽的街
> 道为1:23。

这个时期农村［赫里福德（Herefordshire）］5岁以下儿童的

死亡率是 240‰，而城市（诺丁汉郡）为 480‰。而现在的儿童幼年时期的存活率为 1848 年的 5 倍。当时没有哪个城市的人可以真正过得很好。每年有 50 多万人死于由于居住环境而引发的可防治性疾病。在旧伦敦的圣吉尔斯贫民窟里，95 座房子里容纳了 2850

伦敦博物馆收藏的"淘粪工"行业证

1825年圣潘克拉斯附近的航舰河

1844年的航舰河，下水道污水直接排放到河里

人，该贫民窟又被淹没在自己制造的污水里。在威斯敏斯特爆发的热病促使教堂下面一些简陋的污水池和下水道被挖掘了出来，被清理出的污物拉了 500 辆马车。为劳动阶层草率建设的新房没有可以窝藏耗子或人的地窖，但却两排两排背靠背地紧挨着，既不通风，又没有排水系统。房主为了免交"窗户税"，窗户数量被减至最少。这些房子围成的院子里，一端是水泵，另一端是厕所，供大约 20 户人家使用。卢梭所言极是，在所有动物中，人是最不考虑社会状况的。

最好的房子也有粪坑：它或在院子里，或在屋内，或在客厅的地板底下。粪便必须用木桶运走。假如设计要求经过屋子，那就得经过屋子。就像佩皮斯时代一样，中世纪淘粪工的继任者"夜工"负责这项工作。现在伦敦博物馆里的一个雕刻精美的行业证可以证明，当时的夜工所做的是中世纪淘粪工人的工作。

起初，将粪便从城里运走对农民很有价值。但是随着伦敦城市规模的扩大，这趟运输变得很不划算。于是，装粪便的木桶就被运往（或是新发明的机动车就被开往）大一点的公共粪坑，或是最近的河流倾倒，而这些河流有可能仍然为人们提供饮用水。1840 年时人们所说的"航舰沟"一点儿也不比五百年前干净。直到 1841 年，人们才知道它是一个封闭起来的下水道。至今它仍在法灵顿街（Farrington Street）和新桥街（New Bridge Street）下方悄无声息地流淌着。

如果饮用水来源于水井，它就有可能被附近一个泄漏的粪坑污染。一个粪坑满了之后，人们通常将其填埋并很快就把它忘了，

圣潘克拉斯车站修建期间的航舰河下水道。"航舰河下水道的修建包括对城市排水系统主动脉的处理，即将一小型排水道改向——实际上几乎不小——要把施蒂克斯河臭熏熏的湍流从腐朽的砖砌河床引向一个方向完全相反的铁质隧道，还不能泄漏'一滴圣水'"

然后又重新开挖一个。有一次，一辆正要经过一家农村大宅的马车突然下沉，引起了人们对这种习惯做法的关注。难怪当时的小说里写道：要想整死一个人或让他卧床不起的最简单的方法便是让他得这种"热病"。乔治安娜·拉塞尔女士在她的《回忆录》中告诉我们：

在那些无忧无虑的日子里（1837）……流通不畅的下水

管道被当作一个笑料，每当它们臭气熏天的时候，人们就认为是坏天气来临的征兆，并且很高兴看到这种征兆。

1844年，在温莎城堡至少发现了53个溢满的地下粪坑，进而找到了那些仆人们长期以来咽喉疼痛和疾病恶化的原因。佩王（The Prince Consort）开始着手解决此事[①]，他用抽水马桶和下水管道取代了汉诺威式的便桶。他死后，他的遗孀命令一切保持不变，包括卫生设施。

伊西描绘了温朴尔街一所房子的情况：通过房屋的地下下水道是用砖砌成的，但由于没有向下的斜坡，三十年来所有的废物和废水都未曾流经此下水道。在另一所坐落在哈莱街的房子里，管道比下水道要低，结果淤积多年的污物被40辆推车运走。在第三所房子，一个管道工人在掀起水槽下的石板时用了一根蜡烛，结果被炸死了。在第四所房子，伊西曾叫人把地板掀起来搜捕老鼠，

那里有50个没有遮盖的窝穴，有各种各样的骨头，周围散落着曾经熠熠发光的剪刀、螺丝刀、一两个银勺子等物品。一只深受喜爱的猫，一只捕鼠能手，我在彻底撬开地板之前把它放了进去，结果几天之后就死在里面。与亚历山大（Alexander）一样，它很可能死于悲伤，但与亚历山大不同的是，它有太多的世界需要征服。一些人说它是死于夜里的猫鼠大战。

---

① 佩王：执政者的丈夫或妻子的称号，此处指维多利亚女王的丈夫阿尔伯特。

一位诗人在《村妇》中用悲痛的诗句说到了乡绅的淡水鱼：

> 我们都认为我的淡水鱼是死于秋天那场热病：
>
> 我也相信这是上帝的旨意，但安妮小姐（Miss Annie）说
> 是排水道的原因。

供水管理很不规范：每户每星期供三天，每天约两三个小时，估计这样可以装满水槽。一位作家在 1802 年自豪地宣称：

> 水通过铅质管道流入千家万户，每星期三次。它们被贮
> 存在蓄水池或是水缸里，水量如此充足，以至源源不断。

假如火灾在非"供水时间"发生，会有信使快速通知自来水公司办公室。干燥的季节缩短了总管道的使用年限，导致了泄漏和污染。到了 1802 年新河公司仍然在使用木质管道。但从 1827 年开始，所有的新管道必须是铁质的，于是新河公司也开始使用铁质管道，供水线路缩短为 27 英里。尽管 1805 年时人们已经放弃了从沃克斯霍尔桥（Vauxhall Bridge）附近的泰晤士河引水的计划，并且将取水口移到了较为清洁的上游地区，但是直到 1848 年以前，朗伯斯自来水公司的取水口一直设在巴特西（Battersea）和查林十字街。

19 世纪 30 年代，虽然布里斯托地区不再记录从水道里清除死猫这样的开销，但当时的卫生条件仍然很差。3000 所被

150

HAS

DEATH

(IN A RAGE)

Been invited by the Commissioners of Common Sewers to take up his abode in Lambeth? or, from what other villanous cause proceeds the frightful Mortality by which we are surrounded?

In this Pest-House of the Metropolis, and disgrace to the Nation, the main, thoroughfares are still without Common Sewers, although the Inhabitants have paid exorbitant Rates from time immemorial!!!

" O Heaven! that such companions thou'dst unfold,
" And put in every honest hand, a whip,
" To lash the rascals naked through the world."

Unless something be speedily done to allay the growing discontent of the people, retributive justice in her salutary vengeance will commence her operations with the *Lamp-Iron* and the *Halter.*

SALUS POPULI.

Lambeth, August, **1832.**

J. W. PEEL, Printer, 9, New Cut, Lambeth.

1832 年 8 月朗伯斯区的死亡威胁书

检查的房屋中仍有 1300 所没有供水。清教徒公司（The Puritan Corporation）在星期日关闭了所有的水道，凡是在那天取水都将受到惩罚。1850 年，伦敦有 80000 座没有供水的房子。据梅休记载，当时仍在使用的运水车有 100 到 150 辆，每桶水收费一个便士，这样一天可赚六便士到一先令。有的人家每星期花费两先令买这种用车运送的水。幸运的是，当时的水并不是一种普遍的饮料，就连慈善机构的儿童每天都能喝上少量的啤酒。

人们接受了"热病"这一事实，但却不接受霍乱这一事实。尽管它已经开始从印度向西慢慢传播，并且于 19 世纪 30 年代传播到了欧洲的俄罗斯，但是它被认为是一种亚洲病，英国绅士根本不可能染上它。这种观点一直持续到 1832 年。那年霍乱袭击了伦敦，引起了极度恐慌，并在 1866 年之前反复发生。社会团体因而惶恐地采取了行动。引起霍乱的"小虫"还没有被确认，但人们已经知道，水污染是当时最为普遍的传播方式。这样一来，现代化的供水设施反而成了一种危害：单单一个污染源就能危及到整个社区。霍乱很有可能是随着新式抽水马桶的使用而爆发的。与贫民窟简单而互不相干的粪便处理方式相比，装有排水系统的富人的房子威胁更大，正如潘趣先生在漫画中以哈姆莱特之口所问的那样：

> 为什么我们不能通过想象，在发现地方官员的遗骸污染了他的行政区之前去追根溯源呢？

改革者们竭力宣传"卫生意识"。这些改革者包括埃德温·查德韦克（Edwin Chadwick）和尊敬的查尔斯·金斯利。前者是《贫穷法》执行委员，曾经亲眼目睹了这些灾难；后者是《水婴》（*The Water Babies*）的作者。市长先生筹集了一笔资金，用来建造廉价的公共浴池和澡堂。1846 年通过了《公共浴池和澡 151

堂法案》。该法案是一系列此类法案中的第一例。这一年亨利·道
尔顿先生在朗伯斯区建立了工厂，开始制造新式的粗陶琉璃管道，
这使得优质管道的使用成为可能。第一个公共澡堂建在史密斯费
尔德（Smithfield）的暖房街（Glasshouse Street）。据描述，此时
人们洗澡的花费不会超过建造那些"简陋棚屋"的花费。1870 年
左右，多拉创作的关于澡堂的版画向人们展示了这些棚屋有多简
陋。圣马里勒伯恩的澡堂给人印象比较深刻：它有 107 个独立的
浴室，有蒸汽浴室、淋浴室和两个游泳浴池。这些毗连的公共澡
堂共用一个热水系统。"劳动阶层"花一个便士就可洗一个冷水
澡，花两个便士就可洗一个热水淋浴或蒸汽浴，两者都赠送一条
干净的拭巾。对"任何较为上等的阶层"都会收取此价钱的三
倍：既想保留等级待遇又想省钱的沐浴者们发现，要保持与地位
相符很难。梅休记载道：1849 年尤斯顿广场的乔治街澡堂洗澡人
次达到了 96276 人次，但是"广大不洗者"的数量总是远远超出
公共澡堂的数量比例，而且从来都是如此。截至 1865 年，只有
25 个市镇建有一些澡堂。即使在 1908 年，伦敦也仅有一个市级
浴池，可供大约 2000 个居民使用。在日常洗澡方面，沙伊安部
族印第安人（the Cheyenne Indians）、夏威夷人、东非的巴干达人
（Baganda）和南美阿根廷查科省的奇里加诺人（Chiriguano）比伦
敦居民超前许多。

在 1883 年的柏林卫生展览会上，拉瑟医生（Dr. Lassar）向人
们展示了一个"大众浴所"（volksbaeder）——一个大铁棚下面，
隔成许多小间，热水淋浴每人 10 芬尼——几乎像去公共厕所无需

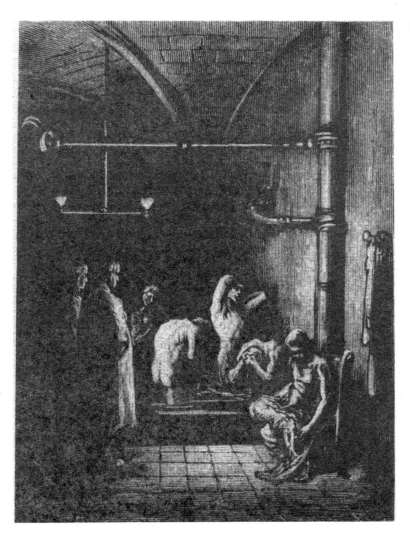

伦敦的夜间避难所：杜雷，1877 年

任何花费一样。在德国每 30000 个居民才有一个公共澡堂的时期，这个澡堂聊胜于无。

首例《公共卫生法案》可追溯到 1848 年，因为那年爆发了霍乱，但是该法案只是允许人们采取行动，而不是命令人们采取行动，并且在以后的二十年没有正确贯彻执行。1849 年又通过了《粪便清理法案》，加强了力度，但粪便依然随处可见。那一年，下水道向泰晤士河注入了超过 900 万立方英尺的污物，长久以来河水的冲刷也未能带走这些污物。切尔西自来水公司的汲水口和瑞莱拉下水道排水口（即以前的西伯恩）仍然只有几英尺之遥。《观察者》写道："我们集体给这些公司付费，每年 340000 英镑，以便找到共同解决当地粪便处理的办法。"1852 年法律禁止从泰丁顿闸口（Teddington Lock）下游的河里取水。仅 1849 年，伦敦就有 14000 多人死于霍乱，1854 年又爆发了霍乱，导致 10000 多人死亡，1866 年的霍乱中又死亡了 5000 多人。1858 年盛夏时，有人谣传说要把议会从臭气熏天的泰晤士河搬迁到人们能够容忍的地方，因为议会大楼正对着河岸的窗户已经有好几年没有打开过了。《评论季刊》加入了这场笔仗，文笔颇佳：

> 像特洛伊城一样，这座肮脏的城堡已经抵制了十个年头的围攻，它的固若金汤的守备队由下院——都市垃圾的卫士们——的首领带着，此时此刻正在加强他们的防卫，从没有想到过要投降……。垃圾的守护者们用他们共同的地方观念来统治伦敦，这实在是已经够了。

黑暗笼罩的伦敦：杜雷，1877年

伦敦城外有许多大大小小、几乎没有什么权力的地方当局，但在1848年，伦敦排水系统的控制权被分给8个互不相干的机构来管理，并让他们成立了下水道委员会，在两年之内除掉了伦敦几乎所有的粪坑。但是当他们着手整治那些破旧的下水道时，他们面临的任务却十分棘手。梅休描述了他们的初步调查：

发现的脏物包括：来自酿造厂、煤厂、化工厂和矿业加工厂的废渣；狗、猫、猫仔和老鼠的死尸；屠宰场的废弃物，154有时还包括动物的内脏；道路上的各种垃圾；腐烂的蔬菜；马粪、猪粪、人粪；灰烬；锡壶和锅（的碎片）；碎陶器，

令人窒息的下水道

如罐子、水壶、花瓶等；砖头、木块、腐烂的木制研钵以及各种不同的垃圾，甚至还有破布。

……威斯敏斯特感化所（Westminster Workhouse）的下水道，有不同的形状和尺寸。它的情况是如此糟糕，以至于水准仪基本上无法正常工作，管道上掉下来的厚厚的浮渣被擦掉后，几分钟后又会重新落上……一间屋子长约30英尺，从顶端悬垂而下的钟乳石般的腐化物有3英尺长。在房子的尽头，下水道从公共厕所的地下通过，从那可以看见厕所的天花板，再往前就无路可走了。

……1月12日，我们几乎因为臭气而丧失了一整队人马。当最后一个人被从两英尺深的又黑又臭的脏物下拖出来的时候，他已经处于无知觉状态了。

威斯敏斯特市的贵族区和贝尔格雷夫、伊顿、格洛斯维诺、155
汉诺威、贝克莱、卡文迪许、布良恩斯顿、曼彻斯特和波特曼等
时尚广场的下水道系统并不比其他地方的好：

> 下水道十分破烂，简直无法保证能够支撑到第二天；如
> 果冲洗那些"最令人讨厌的脏物"，就可能"损坏全部下水
> 管道"……整个帕丁顿新区、海德公园的邻近地区以及建造
> 昂贵的广场和毗连的街道等地方的下水道里充斥着最肮脏的
> 沉淀物，散发出令人作呕的臭味。事实上，在整个威斯敏斯
> 特下水道区域里，唯一值得提及的、状况令人满意的一小块
> 地方就是塞文代尔斯。

或许这个臭名远扬的贫民窟地下水道状况较好的原因仅仅是
因为居民很少使用。梅休用了整整一个章节向人们描述下水道里
的老鼠，"有的像大猫仔一样大"，"像一群爱尔兰醉汉一样厮打
尖叫"。下水道的老鼠进入房间这一事实说明，下水管有较大的
裂缝。

梅休采访了一个"粪坑和下水道清洁工"，这个工人干这项
工作是因为他不喜欢工厂的限制或封闭的环境。这个采访说明，156
到了19世纪50年代，下水道已全面替代粪坑，淘粪工的末日已
经来临：

老鼠的妙用

　　所有我们清扫过的人家都说现在的办法最好。他们说："从此不用淘粪工了。"您看，先生，我们的办法对屋里的人来说麻烦少得多，而且没有臭味——至少我从没闻到过。除此之外，它还很便宜。从时间上看，淘粪工迟早会被淘汰；从做法上看，他们必须被淘汰。太多的新玩意儿一个接一个出现，都是些对劳动阶层不利的玩意儿，不是蒸汽，就是其他让人很快丧失生计的东西。

　　直到 1870 年，伦敦的死亡率才有了明显的下降：在新的排水系统启用后的五年内，死亡率下降了，这不太可能是巧合。工程理事会的主任工程师约瑟夫·巴扎尔盖特艰难地完成了他的伟大蓝图：相互交错的大型下水道长达 83 英里，排污的住房面积达 100 平方英里，每天排水 4.2 亿加仑，花费 460 万英镑。该系统于 1865 年开通。巴扎尔盖特还建造了阿尔伯特路堤以及维多利亚路堤。在维多利亚路堤所在之处，至今还竖立着一座为他而建的鲜为人知的纪念碑。

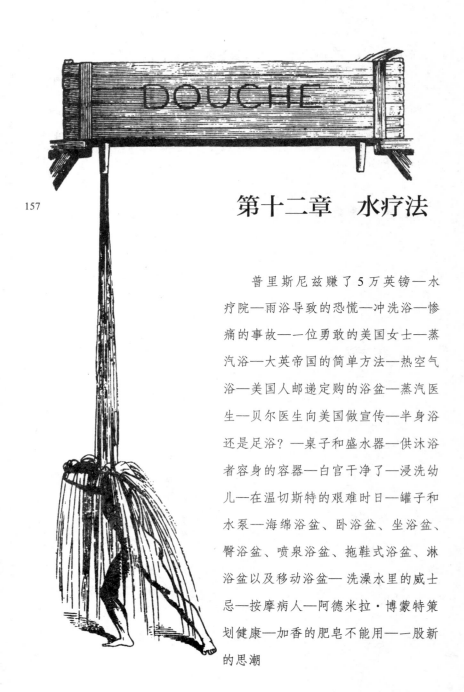

第十二章 水疗法

　　普里斯尼兹赚了 5 万英镑—水疗院—雨浴导致的恐慌—冲洗浴—惨痛的事故—一位勇敢的美国女士—蒸汽浴—大英帝国的简单方法—热空气浴—美国人邮递定购的浴盆—蒸汽医生—贝尔医生向美国做宣传—半身浴还是足浴？—桌子和盛水器—供沐浴者容身的容器—白宫干净了—浸洗幼儿—在温切斯特的艰难时日—罐子和水泵—海绵浴盆、卧浴盆、坐浴盆、臀浴盆、喷泉浴盆、拖鞋式浴盆、淋浴盆以及移动浴盆—洗澡水里的威士忌—按摩病人—阿德米拉·博蒙特策划健康—加香的肥皂不能用—一股新的思潮

那个时代的任何人，如果不是为了治疗而洗澡，都会让人感 158
到怪异。尽管如此，由于越来越多的医生开具不同形式的水疗处
方，人们对水的恐惧开始慢慢消失。水疗法真正的无可非议的发
明者是一个名叫文森特·普里斯尼兹的西里西亚（Silesian）农
民。他于1829年在格雷坊堡创办了一家医疗机构。他13岁时就
用一块浸湿的绷带治好了他扭伤的手腕，接着又对有疗效的液体
进行试验。16岁时，他被马踩伤，折断了三根肋骨，掉了两颗牙
齿。当地医生宣称这些伤无法治愈。普里斯尼兹给自己缠了湿绷
带，并且喝了大量的水。12个月后他竟然完全康复了——可能除
了牙齿之外。左邻右舍还有那些掏钱看病的人朝他蜂拥而至。职
业医生向他抗议，他们对他使用的海绵进行了分析，想找出他使
用的物质。截止到1843年，他治疗了1500个病人，有了50000
英镑的银行存款。

这个数字可能被人知道了；水疗院当然蓬勃地发展起来。水
被用于治疗病人，其方式越来越多。在一家早期的水疗院，我们
看到了用于治疗的雨浴（Rain Bath）：病人站在一个用砖砌的浅
池子里，身体四周是木板屏风。天花板上有一个喷口，由一根细
绳带动滑轮工作。医生站在一个高处，严肃认真地操纵着细绳，
挣取他的酬劳。

病人首次进行雨浴时显得十分恐慌，会惊叫、挣扎，甚

至逃跑，经历了令人恐惧的窒息和心悸后，过一会儿就会听见他说"也不过如此"。

　　尽管雨浴令人害怕，但它是由一个玫瑰式喷嘴将水洒向病人，效果比冲洗浴要柔和得多。冲洗浴用的是一个大口径、大压强的冰冷的水柱，直接对着病人的疼痛部位喷射。在水压不足的地方，

用于治疗的雨浴

可以在头顶上高悬一个水箱。威尔逊医生在马尔文用的水箱从 20
英尺的高处往下喷水，沐浴者不得不戴上帽子来保护头部。发生
了两起悲痛的意外事故：一位女士很紧张，未经允许站在一张椅
子上以缩短落差，但是当这股强有力的水柱奔流而下时，椅子被　159
砸坏了；另一位在冬天来洗浴的绅士没有发现喷口已形成了冰柱，
结果被刺伤了后背。所幸的是，在看到流血之前，他由于麻木过
度而不知道所发生的事。

　　出于某种原因，一种冷热交替的冲洗浴（"一种所谓行之有
效的淋浴"）被称为苏格兰女人，另外还有不计其数的其他淋浴
方式。但毫无疑问，从古至今最壮观的一次冲洗浴要数一位勇敢
的美国女士在尼亚加拉大瀑布下的那次沐浴——当然，她并不是
在最湍急的大瀑布下沐浴，而是在离巨响和狂暴最近的小瀑布下
感受它的雄壮。

　　与土耳其式澡堂的再次出现一样，蒸汽浴室也以私人蒸汽浴　160
隔间或卧式蒸汽浴盆的形式再次出现。这种观念并不新鲜。1678
年的一项英国专利已经对建造仅供一人使用的"汗蒸浴室"提供
了说明。1756 年的另一个发明者刊登了他的"汗蒸室"的细枝末
节。这是一个用金属合叶连接起来的厚板做成的竖立的木箱子，
里边有一个可随病人高度调节的座位，顶盖上有一个放脖子的孔。
一个六夸脱容量的铜壶向一个直径为 3 英寸的管子提供蒸汽，进
入"汗蒸椅"后面的较低部位——病人在经历磨难时可以坐在上
面靠"饮料或甜酒"来支撑自己。发明者声称，这种沐浴方式比
土耳其式澡堂里普遍使用的令人窒息的烘房好得多。它肯定有一

床上蒸汽浴：1814 年，美国

些优点，因为直到 20 世纪 20 年代，人们还在使用这种方式洗澡。同时，广告也宣传它能治疗酗酒或是去除多余的毛发。最早复兴的一种蒸汽浴来自美国，它于 1814 年获得专利。令人吃惊的是，它比大多数后来的形式都要复杂。除了一个用来向床罩下输送蒸汽的特殊的蒸汽炉外，它还有一个用四根柱子支撑的顶篷，四周围了帘子，形成了一个宽敞的"蒸汽篷"。德国 1832 年的一个蒸汽浴室比这要简单得多，只不过是一个用毛板做的木箱，在上方固定的木板上挂一个结构松散的帘子，病人斜倚在里边，没有使用蒸汽机的迹象，有可能使用的是一个普通的家用水壶，上面装有蒸汽管道。1855 年的一种款式是在袋子里装上蒸汽，病人横卧在里边，他的脖子周围有可能是用细绳进行密封。万一蒸汽炉失控，他虽然够不着处理，但他可以放开袋子里面的袖口，在没有

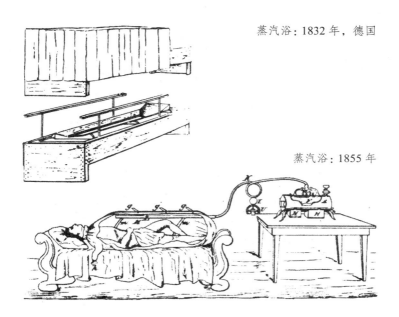

蒸汽浴：1832 年，德国

蒸汽浴：1855 年

任何援助的情况下逃生。

1854 年的《不列颠百科全书》建议说：

蒸汽浴比暖水浴提供的好处多得多。任何一家住户只需极少的花费和代价就能轻松地拥有一个行之有效的蒸汽浴。

沐浴所用的蒸汽可以用多种复杂的装置来生产，但是《不列颠百科全书》中提倡使用的却是中世纪浴室中最简便的方法：把一块砖放在烤箱里加热后，再把它放到一个金属盆里，然后再把水浇到上面，以此来产生蒸汽，病人则裹着拭巾坐在砖上方的椅子上。　162

热空气浴的方法与蒸汽浴相同，唯一不同的是下边多了一盏酒精灯：

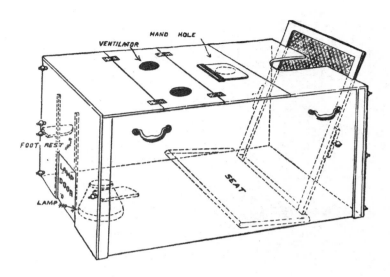

热空气浴：尤尔特，1860 年

　　病人坐下后，服务员会在他上方的铁框上放一件不易燃的长袍，铁框和身体保持充分的距离，这样身体各个部位都能接触到热空气……病人头上放一块湿布，起镇静作用，同时防止血液快速流向大脑……15 或 20 分钟以后，病人身上就开始大汗淋漓。

　　尤尔特的热空气浴是这样进行的：病人坐在一个水平放置的木箱子里，头露在外面，双脚放在专门放脚的架子上，中间放一盏灯。病人几乎无法迅速逃离这个枷锁，如果酒精灯装得太满或是被打翻的话，都将招致可怕的后果。

　　在美国，随着人口的不断西移，人们远离了供水系统和排水管道，于是通过邮递来定购便携式蒸汽浴具就受到人们的长久青睐，"贵格"型号的浴具是一种价值 5 美元、可能不包括椅子的圆柱形汽缸。良好的使用效果需要"蒸汽医生"参与完成。一位正统的从业医生说：

> 这些医生游遍全国各地，最初用一些奇怪的行话来折磨人们的耳朵，接下来又用辣椒和祛痰菜来折磨他们的胃，最后又用热蒸汽来折磨他们的肌肤。

这位从业医生就是费城的约翰·贝尔医生。1850 年他开始用自己撰写的《论沐浴》（*Treaties on Baths*）中的观点来改变美国人的生活方式。这篇文章的完整标题很长：

饮食卫生和医学水理学

一篇关于沐浴的论述

包括

冷水浴、海水浴、暖水浴、热水浴、蒸汽浴、

气体浴和泥沙浴

还有

水养生法、水疗法

以及

肺的呼吸；

加上

古代和现代沐浴的描述

164　　贝尔医生用这种风格（美国一些规模不大的高校里，有的教授仍在写作中使用这种风格）在探索他所说的"一种更令人满意、更和谐的浴疗卫生和治疗的理论"时说：

　　　　笔者对普及洗澡这种做法充满了热切的希望，并且相信，一旦洗澡大众化，它将在使公众更加健康、个人更加舒适和愉悦方面作出巨大的贡献。它是从身体健康走向道德改善与进步过程中的一步。

　　　　……如同自然界所有的生物本能一样，在各种洗浴方式相继流行过后，洗澡可能也会具有一种令人满足的本能，因

"贵格"型号的蒸汽浴

为在植物王国中这并非是异想天开的事。从西洋杉和橡树到低等的寄生苔藓，所有的植物种类都受到雨水、大气中的蒸汽和露珠的浸润，它们被看成是去除灰尘、消灭昆虫、为植物提供流质营养的一种变相洗澡。

换言之，连植物都洗澡，为了健康，为了愉悦，我们也应该洗澡。首先，沐浴者可以通过身体的沐浴部位来了解浴疗的各种名称。仅仅浸泡下半身的话，称之为半身浴；仅浸泡一只脚称之为单足浴；仅洗一只手称之为单手浴；泥浆浴或泥土浴则被称为泥浴，也叫浆浴或土浴。在这个阶段，很多中西部地区以外的读者大概会放弃洗澡的想法，但是那些奋勇前进的人会知道脚浴持续的时间：一些人说是 10 分钟，另一些人则认为它持续到水温达到与脚温相同时为止，即半小时到 1 小时。进行冷水头浴时，病人斜倚在桌子上，桌子的一端是一个盛水的容器，大小和深浅适度，正好可以先浸泡头部的一侧，然后再浸泡另一侧，最后浸泡后脑勺，每个部位 5 分钟。

"暖水浴的准备方式"开始时很可能受到人们的质疑：

用松木做成一个长方形容器，其大小和形状正好能容纳沐浴者整个身体。抬到病人的房间后，加上相当于三分之一容量的所需温度的水，在容器表面铺上一块结实的布，助手们站在四周，用脚踩紧从边缘垂下来的布。病人躺在上面，布慢慢松开，于是病人缓缓地落入水中，这种方法同样能消除乏力沮丧和烦躁激动，使沐浴者的身体处于一个安宁的状态，有利于身体所有的功能保持最佳的均衡效果，而热水浴则促使脉搏加快跳动，头脑稍稍发胀以及思维轻度混乱。

165 　　值得注意的是，整个过程并没有提及浴盆。美国模仿健康女神许革亚（Hygieria）的人似乎用一张桌子、一个松木容器、一张床单和一两个水罐就可以进行了。1851 年，即贝尔的论文首次发表一年后，虽然遭到强烈的反对，白宫还是安装了一个名副其实的浴盆。1880 年的一次调查显示，在美国的城市中，六分之五的居民仍然没有安装浴盆。1895 年纽约的出租房屋中没有一家有浴盆。

　　在英格兰，人们仍然不断地宣传冷水浴的优点，特别是年轻人，一年之中无论任何时候，经常有规律地在冰冷的水中进行冷水浴。一位名叫马歇尔·豪尔的医生不得不对"把幼儿在水中浸泡过头的冷水浴方式"提出抗议。在温切斯特大学，直到 1864 年前后，学者们仍然不得不一年四季顶着黑暗，冒着风霜雨雪在枢密院（Chamber Court）破旧的水道下冲澡。墙上安装了 6 个铜质水龙头，供所有的沐浴者使用；这些龙头经常被冻住，必须解冻，而此时，沐浴者不得不瑟瑟发抖地排队等候。五百年前修道士的境况都比这要好。直到 19 世纪末，健康的年轻人洗热水澡仍被认为没有男子汉气概。

　　起初，自来水一般都在地下室。很快，它通过管道被引入厨房的水槽，但洗澡用水却还得运送上楼。因此星期六晚上，所有的家庭成员有可能轮流到铺有石地板的"后厨房"洗澡，佣人吃力地把"大铜锅"里的热水送来。浴盆和脸盆仍然是可以移动的，仍然是几件没有固定去处的日用器具。带水龙头的脸盆和上面装有淋浴水箱的浴盆在19世纪50年代的产品手册里已有记载，但是水却是通过手动水泵抽上楼的。

由于我们已经习惯了现在比较标准的浴盆，因此对于19世纪各种各样关于浴盆应该是什么形状的看法感到很吃惊。由于制造技术的不断完善和1851年万国工业大博览会后市场的不断扩展，浴盆数量和种类不断增加，有海绵浴盆、卧浴盆（或休闲浴盆）、坐浴盆、臀浴盆、喷泉浴盆、拖鞋式浴盆、淋浴盆等。爱干净的英国人甚至还有旅行浴盆，可以带到欧洲大陆没有管道设备的地方使用。所有这些浴盆都是手工艺人用铜、锌或铁制金属板材一个一个做成，然后上漆或上光。浴盆外部一般是纯棕色，内部是仿大理石纹理。经过抛光和上漆的表面经不起长时间的磨损和热水的灼烫。在引进较为先进的瓷釉之前，人们必须不断地重复刷漆，成为一项日常进行却又极少成功的工作。一首流行歌曲使这项作业留给人们的记忆长久不衰：

在露天，人人经过，

人人经过，嘴里高呼"噢嗬！"

她将浴盆拿到花园……

（停下来大笑）

……给它喷漆。

166

我想知道，那又有何关系？ ①

海绵浴盆呈圆形，较浅，两侧逐渐变窄，盆边为卷边，带扶手和倒水的嘴。浴盆中间可能会有一个突起，留待后面解释。烦琐的使用说明公布如下：

洗海绵浴时，海绵要足够大，放在浴盆里浸满水以备随时使用。为了以最令人愉悦的方式获得最圆满的效果，沐浴者踏进浴盆时，应该将浸满水的海绵快速放到头的背后。此时头应稍稍向前倾，以便让大量的水顺着脊柱和后背向下流。海绵应马上进行第二次浸水，身体向前倾斜，让挤出来的水从头顶上流下来。第三次时，身体较为直立，让挤出来的水从胸前流下来，然后再分别淋浴双臂和双腿。如果想多洗，可以重复头后部和胸部的步骤。

建议在洗海绵浴时同时使用一张宽凳（底部要加重，以免翻倒），用毯子将其松散地盖起来，放到浴盆中央，要高出水平面。毯子每天使用后，可以把它晾干；或者在制造海绵浴盆时，就简单地在浴盆中央做一个固定的金属突起，使之成为浴盆的一部分。沐浴者宛如站在一个岛上；这样，沐浴者就能在起初时保持双脚干燥，让头部和双肩最先接受洗

---

① 英文"bath"动词意为洗澡，名词意为浴盆。第三句诗原文"she took her bath in the garden"即可理解为"她在花园中洗澡"，又可理解为"她将浴盆拿到花园"，所以唱歌的人才大笑。

167

海绵浴盆

礼。对海绵浴表示失望、准备放弃的人，通过这种方式，也可以毫不痛苦地享受它。如果洗过海绵浴后有反应迟缓现象，可以提前在水里加上一小酒杯的古龙香水、烈性酒或任何一种酒，威士忌或许是最有效的，这样可以加快反应。

初学者可以不时地参照这些重要说明正确地洗浴。这些说明肯定也被印刷在了浴盆上的防水纸上，就像后来为邓南遮制作的浴盆一样，他喜欢在洗澡时读自己写的诗。

卧浴盆或休闲浴盆的形状和现代浴盆相似，大约 5 英尺长，两端逐渐变窄，可能有一个高靠背，像早期的汽车，或许还带有

全身浴盆或休闲浴盆

用于搬运的扶手以及带活塞的排水口。也许是因为用水太多，这种型号直到 19 世纪晚期仍然少见。沐浴者仍然被称为"病人"。

> 当病人平躺时，向浴盆里倾注足够多的水以覆没除头部以外的身体其他部位。5 分钟后，一位健康的沐浴助手和他本人应该用手充分按摩身体。轻柔而又充分地推拿和按摩腹部将会大大增强沐浴的效果。

坐浴盆是一个方形或椭圆形的容器，底部下方逐渐变窄，大约 16 英寸。浴盆深大约 14 英寸，可能有一个带孔的夹层盆底，从后面的漏斗注入的冷水会通过这个夹层的孔升上来。

进行这种沐浴的人没有必要脱光衣服，只需脱掉外衣，将穿在马甲里面的衬衣搂起来掖在马甲扣子部位的下面。人坐到浴盆里之后，水便漫至腰间，这时可以在肩膀周围披一条毯子。

作者巧妙地省略了脱裤子这一环节，但愿那些严格遵照这些 169 说明的人没有被它所误导。

> 浸水浴一词是指把身体的臀部浸入冷水中十次以上，洗的时候动作要慢，而且要有揉搓。如果有神经衰弱或者生殖器官松弛症状的话，浸水浴则大有裨益。

坐浴对脑充血非常有好处。阿德米拉·博蒙特说坐浴有益健康。

坐浴及其介绍

170 　　此时，各种浴盆中最为流行的是臀浴盆。这种浴盆大多呈椭圆形，有时也呈圆形，盆盛水部分的下方逐渐变窄，而底座向外逐渐变为锥形，高靠背，卷边；或许还有一个小小的支撑肘部的托架，也可以用来当肥皂托盘。许多老年人仍然记得舒适的卧室里放在防水浴单上的臀浴盆，还有在熊熊火焰中闪闪发光的铜制热水罐，以及火炉护栏上烤着的厚厚的拭巾。

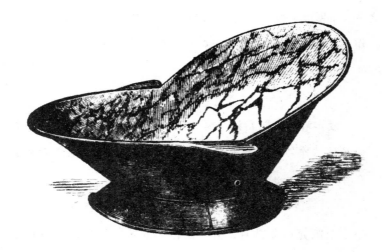

臀浴盆

臀浴盆

臀浴对各种类型的霍乱、腹痛、肝病、腹泻以及紊乱症
状都非常有效。

有一种型号的浴盆在靠背的中间有一个小小的座位，使臀部 171
不会浸水。假如再能提供一张脚凳的话，就能不浸在水里也可以
洗澡了。

喷泉浴或上冲式沐浴像花园里浇花的软管，有各种各样的喷 172
头。喷头向上喷水，病人坐在喷头的上方。

拖鞋式浴盆或靴子浴盆确实像一只靴子，它由 20 片金属
薄板组成，制造工序应该很复杂。使用者在洗澡时只露出头部
和肩膀，既能遮羞又能保持温暖。它的前面是一个注水口，后
跟或脚趾部有一个排水口。就是在这样的浴盆里，马拉被夏洛
特·柯黛（Charlotte Corday）杀死了。另一种浴盆可能被称为

带座的臀浴盆

喷泉浴或上冲式洗浴

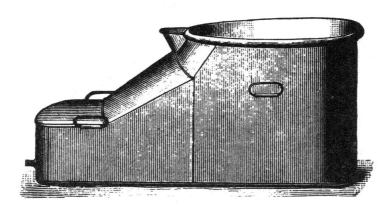

靴子浴盆

惠灵顿靴子浴盆，该浴盆似乎并不能使沐浴者保持真正舒服的姿势；它可能有一个凸起的座位，或许是为截肢的顾客量身定做的。

　　公共澡堂出租的普通现代类型的单人浴盆仍然被称为"拖鞋浴盆"，这可能有些令人迷惑。毫无疑问，它们开始时是"拖鞋浴盆"，后来虽然样子变了，名称却没变。

靴子浴盆

173

马拉之死：马拉在浴盆里一呆就是数小时，还在那时写信，但这并不是因为他奢华堕落，而是因为"靴子"浴室能使他皮肤的病痛得到缓解

174   淋浴盆通常是一个普通的休闲浴盆或臀浴盆，只是多了一个由三或四个金属腿支撑的小水箱，其中一条腿是供水管子，通过它，将水桶里的水用人工泵抽到水箱。另一种型号的浴盆又小又圆，和水箱的容量一样。使用说明警告沐浴者：

    淋浴喷头里流出来的水几乎冻结，使人感觉仿佛遭受了一阵火辣辣的枪林弹雨。这种感觉令人震惊。如果持续时间长一点的话，必将导致昏厥。

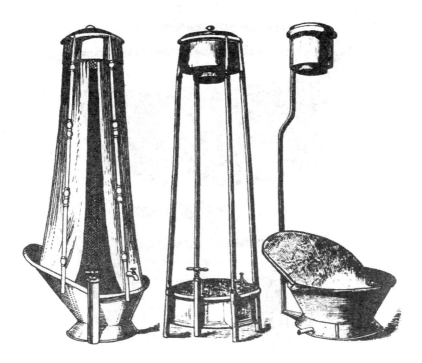

淋浴盆

狄斯累利有可能使用了这些淋浴盆中的一种。他的妻子说他在精神上有无穷的胆量，但是肉体上却没有，因此每次他洗冷水澡的时候，他的妻子总是不得不来帮他鼓气。

旅行浴盆有盖子和带子，或许还有可折叠的木腿，它的样子 175 介于鼓与海绵浴盆之间；甚至还有旅行用的臀浴盆。旅行浴盆起初用金属制成，后来可能采用了杜仲胶，因此能够折叠起来放在火车车厢的行李架上。

纸型浴盆在一些较小型的浴室中很流行。它既轻巧又便宜，只要防水涂层不坏，一直可以用，但如果出现了缝隙而未及时发

旅行浴盆

现，加之洗澡者过于超重，浴盆有时会突然破裂。

　　人们可能奇怪为什么在所有关于浴盆使用的说明中没有肥皂

176 这个词。以清洁为目的的沐浴在当时仍然是一种特殊的类型，所

以人们将其作为肥皂浴单独进行描绘：

　　洗肥皂浴很简单：沐浴者只需准备好一大块优质的普通黄色肥皂和一只宽松的洗涤用手套。白色的非常柔软的"土耳其"式最理想；如果喜欢用质地较硬的手套，"巴登"式也可以。这只手套要能盖住手腕。沐浴者赤身站在盛有热水的浴盆前，快速而有力地用厚厚的丰富的肥皂泡沫从头到脚盖住身体……肥皂最多保留3到4分钟。身强体壮的可使用温水；但是大多数人会发现微热的水或热水更舒服；一些体质弱的人指尖触到冷水就会变得麻木或发白，这种人会从肥皂浴中感受到在其他沐浴方式中难以感受的愉快……擦干身体和穿戴衣物都可以在火炉前舒服地进行，这种做法值得肯定，不会像有的人想象的那样使人无力和衰弱。一定不要使用加有香料的肥皂，尤其是不要习惯性、大量地全身使用……

　　一年中的任何时候都可以进行肥皂浴。如果将肥皂浴作为一种款待来说服小孩子沐浴的话，他们很快就会像长辈一样喜欢它。

这些词句写于1880年，我们可以看到一股新思潮的开始。虽然肥皂不能有香味，但是人们却可以洗温水甚至是热水澡，而且可以在火炉前进行，健康人也可以洗。洗肥皂浴是一种享受，而不是受罪。冰冷刺骨的沐浴并不是必须进行，用不了多长时间它就会变得十分罕见：大英帝国的余晖将照耀在蒸腾的空气之上。然而，《男孩自己的报纸》的编辑在进入新世纪后还在《给读者的回信》中不断宣传冷水浴的优点。这个栏目仅仅提供答案，而问题则可以从答案中找到。像阿尔雷德一样，一些读者显然已经表明了他们的"世俗思想"。出于多方面考虑，这个编辑给冷水浴的一条说明加了下面的话："请不要过多洗浴，以免麻烦服务员。"

第十三章 为了健康这样做值得吗？

浴室变简陋了—禁止男女同浴—韦克菲尔德女士愤愤不平—格兰维尔医生没有反对—他看起来像一只龙虾—摩尔人式浴室里的极乐—大卫·厄克特—杰米恩街澡堂—俄罗斯浴室—波斯浴室—水疗院—沐浴税—麻醉剂和烟雾—浴室里的羊肉丁—斯卡布罗天文观测站的韦尔斯教授—湿布裹疗法—不会使用裹布带来的危险—市镇议员起死回生—电浴—湿腰带的不良效果—病人的挣扎—布尔沃·利顿阐述人的职责—威尔逊医生的湿裹布制止了一次自杀—治愈失明的人—八十岁老人上山—布拉德利先生皮肤颜色异常—水婴与红酒和啤酒婴儿不同—卧室里的果馅饼—大气疗法—瑞克里医生设计的奇特服装

178 到了 19 世纪早期，巴斯浴场的鼎盛时期已经过去，并且逐渐变得破旧起来，然而水却没有失去它的效力。大约在 1811 年，一位濒临死亡的女士被送到那儿，她表现出沮丧、叹气、昏厥、打嗝以及抽搐等"所有令人害怕的死亡症状"，并且全身萎缩。然而不到六个星期，她已经又在市政厅里翩翩起舞了。健康女神许革娅确实跟爱神维纳斯（Venus）学坏了，在以健康为目的的沐浴中，"放纵轻浮的举止"又出现了。19 世纪早期，两性混合沐浴被禁止，一个在女部服务了二十二年的侍者韦克菲尔德女士很是义愤：

> 看着那些可爱可亲的女人们从自己的更衣室走下台阶，身着用昂贵材料做成的、剪裁时髦、又宽又长、系有腰带的浴衣进入浴池，头发在一块精致的头巾下打了结，涉水向前，跟浴池里熟悉的穿着十分时髦的绅士们握手并互道早安。这有什么害处？又能有什么害处呢？或许有人会反对他们身着相似的衣服在小树林里并肩而行，或互相约会致以问候，在那儿，他们沉浸在空气中——在这儿，他们沉浸在水中。相比而言，后者更为正当，因为它不那么透明。

或者，用安斯蒂在《澡堂诗歌指南》里的话来形容，

哦！多么壮观的景象

男女一道在没脖的水中行走，

在厅一般巨大热气蒸腾的壶中

优美地摔倒和游动。

但是 1841 年格兰维尔医生认为这条禁止同浴的新规定"对于一向敏感和恪守礼节的漂亮村妇来说并不难遵守"。

格兰维尔医生早饭后一直没吃东西，他首先步行了 12 个小时，巡行察看这座城市，科学地测试了皇家热水浴池的效果。

把温度计插入浴池中央时，我看到它的刻度是 113.5 度，[①] 水面上升腾的蒸汽模糊了房间里的灯光。侍者企图说服我不要在那样的温度下进入浴池。他从来没有见过这样的尝试，觉得我肯定会受伤。为了平息他的疑惧，我向他保证会小心地行进，并请他在隔壁房间等候我的召唤。如果听到我呼唤，就往浴池里加冷水。

我向下走了三步，把脚和腿浸到水里，但明显的灼烫感使我很快地退缩了。几秒钟过后，我再次尝试，走到第三步时，水没到我的膝盖，还能忍受。我又向下走，让水没到我胸部以下，又感觉到几秒钟的灼烫和疼痛。此时我清楚地看到浸在水中的身体已变得通红，因为水是美丽而透明的半绿

---

① 约摄氏 44 度。

色液体……

我鼓起勇气继续向下走，让水没到我的胸部。我的呼吸突然变得急促起来，感觉身体很僵硬，像是突然扎到了极度冰冷的水中。一会儿，我又感觉到水温很舒适。现在我把温度计放入水流中央的深处，此时刻度为 114 度。我的脉搏跳动有力、饱满、且快，每分钟一百次。我的耳朵里可以听到一些噪音，头脑发胀，难以忍受，但没有感到头重或血液的涌动。

我让自己完全沉浸到水中，漂在水面与池底之间，只把头留在外面。此时龙虾似的红颜色遍布我的全身，达到了极点。通常情况下，一个人把手或脚放入高温的水里时，感觉四肢或手指的皮肤会起皱纹，并且呈现波状，奇怪的是，此时的情况正好相反，感觉十分平整和光滑。

进入水中 10 分钟后，我又测了一下脉搏，这次上升到每分钟 115 次。我的太阳穴感到血液剧烈地涌动，耳朵里的嗡鸣声变得更大了。但我没有感觉到胸部有任何躁动。我开始传呼澡堂的侍者放入冷水……

又过了 13 分钟，医生到达更衣室时说，他无法描述他所体验的满足感。他继续大汗淋漓地过了半个小时。当皮肤终于干燥后，感觉"像缎子做的纸一样光滑"。他说费用很合理：30 先令可以洗13 次，包括侍者的服务，只需再加六便士，任何有病或完全残废的人就可以要求一套起重器和滑车设备来帮他进出浴池。泵房向

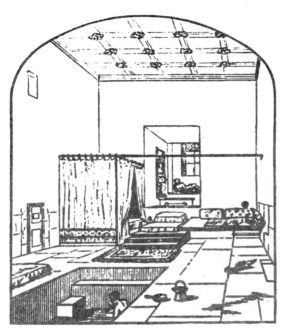

大卫·厄克特设计的 181
"土耳其"浴场

俄罗斯蒸汽浴

事先预约过的病人提供岩浆一般灼热的水，每月半个畿尼，每星期 3 先令 6 便士，或者每玻璃杯 4 便士。

180　　　建于 1597 年的女王浴室已经被拆除，下面呈现出环形的罗马浴室。位于古代公共浴场上面的国王私人浴场可追溯到 1788 年。城市建筑师鲍德温先生设计的一种"廉价公共澡堂"，即十字架浴场，可追溯到 1796 年，大泵房（the Grand Pump Room）也可追溯到这一年。1870 年的新皇家私人浴场（the New Royal Private Baths）还新增了坐椅浴（the Chair Bath），它将扶手椅连接在起重器上，将不能自理的人放入水中。1888 年时，这个澡堂有三个泉眼，一个大泵房和 5 个供公众和私人洗澡的浴池。

　　　1854 年 4 月 24 日的《伦敦图片新闻》刊登了一幅"摩尔式浴室"的图片，一位旅行者这样描叙它：

　　　　　天很热，狭窄的街道在中午耀眼的阳光下烧灼。热水浴对人们并没有诱惑力。我打开第一间房门，浴池周围是一个高出地面、用草垫铺盖的平台，上边躺着几个熟睡的沐浴者。我穿上一双木屐。浴池的侍者在我的四肢和关节处揉捏和拉伸。他跪在我的肚子上，使我几乎不能呼吸，他扭动我的胳膊和腿……在对我进行了充分的按摩后，澡堂的这位天才给我从头到脚涂上了肥皂，拿起了一个巨大的手套开始对我进行充满激情的揉搓。搓下来的污垢之多，相当惊人。在凉水中充分浸泡后，另一个侍者把我轻轻地擦干。之后，他用柔软的拭巾把我从头到脚裹起来，领我走到外间，那里的空气简直有如冰库。

　　我筋疲力尽地倒在一张无靠背的长沙发上，真是舒服极了，极乐世界啊！这种完美的享受之后似乎什么也不缺了。

　　伦敦的土耳其浴场所带来的恐惧和享乐具有相似的特点。当得到医学界的支持时，它们便重新兴旺起来。其中最著名的是在大卫·厄克特的指导下修建的杰米恩街澡堂。厄克特是一位外交家，曾和土耳其人居住在一起，并且提倡他们的做法。1856年，他偶然发现远离爱尔兰的拉特林岛仍然保留了中世纪的浴室，专门向当地集市开放。

　　俄罗斯蒸汽浴通常都在木棚里进行。木棚里边的空地上有一堆用来产生蒸汽的滚烫的石头和一桶水。然后将冷水泼在热石头上，或是将石头放入水流，或是将石头在雪堆里滚一滚。这种沐浴方式在俄罗斯和斯堪的纳维亚至今仍然很流行。但是在英格兰，即使有足够的雪，这种沐浴方式也从未受到青睐。后来被误称为"俄罗斯沐浴"的浴室也只不过是一个私人的小蒸汽室而已。

　　1863年，英国的一个旅行者把波斯浴室形容为土耳其式和俄罗斯式的综合体。他似乎并不太喜欢波斯人或他们的浴室。他说，他洗澡是因为欧洲人在波斯住过一段日子后，就会像波斯人一样变得邋遢不堪。波斯人总是很邋遢，人和马，房屋和墙从来都不 182 够结实，他们看起来总是歪歪扭扭和摇摇欲坠。一大早就有人吹喇叭，宣告浴室的水热了。许多人以此为借口整夜畅饮不眠，说万一他们睡过了头就听不到喇叭了。当医生问病人在热水里浸泡的时间是否太长时，他想问的是沐浴者的神经是否因纵欲而被击垮。人们去浴室不是为了沐浴，而是为了听取街头巷尾的消息。

　　假如他们真想变得洁净的话——顺便说一下，任何波斯
人从未有过这种想法——澡堂是他们最糟糕的去处，因为沐
浴者存在着一个奇特的观念，那就是一定数量的水从来都不
会脏。因此浴室只是一个充满蒸汽的巨大容器和一个蓄水池，
那里到处乌烟瘴气，洗澡水也像豌豆汤一样浓。老鼠、黑色
甲壳虫以及令人生厌的昆虫爬得满地都是；然而，尽管波斯
人的浴室肮脏、污浊、令人无法形容，他们还是小心翼翼地
看护着它们。假如一个基督徒在那儿沐浴的话，很可能会激
起老百姓造反。他们相信浴室甚至能够清洗罪恶。

然而，这个旅行者还是设法洗了一次澡，彻底的梳刷使他的
皮肤彻底剥落了一层，害他的皮肤疼得一连几天不敢穿衬衫。

　　诚然，我头顶上光秃的部分看起来像是一块姜饼，但是
我其他部分的头发看起来不仅像是油漆过，而且还很有光泽。
我被动地屈从于浴室的侍者，他对我的眉毛、鼻子和耳朵都
做了绝妙的修饰。我的胡子看起来像一个23岁的年轻人的。
当我在油腻腻的镜子里审视自己时，对自己少年似的外表感
到很惊讶。
　　……当我冷静地总结自己的感想时，我发现我已经收获
颇丰了。虽然我很清楚从澡堂出来时比进去时要脏得多——

就像在土耳其洗土耳其浴一样——而且我还付出了两个小时的代价，损失了一些皮肤，并感觉头疼，但是我得知了整个城市的消息，并且还受到浴室侍者巧妙的恭维，使我走时得意地认为自己很了不起。

从 1860 年前后开始，温泉和海滨疗养院的水疗机构开始增加，并且很繁荣。许多至今仍然以"水疗院"（hydros）而知名， 183 但比以前用水少了，因为《沐浴税法》（the Bath Tariff）比《付费法案》（the Bill of Fare）增加了更多的收费项目：

> 手臂浴、麦麸浴、滴水床单浴、干毯裹疗法、带法兰绒垫的干毯布裹疗法、干搓或干擦浴、冲洗浴、电浴、足浴、裹足疗法、喉浴、头浴、热毯布裹疗法、带头浴的热毯裹疗法、床单半裹疗法、湿热法兰绒垫疗法、热空气浴、灯式浴、腿浴、裹腿疗法、泥浴、鼻浴、普通湿垫疗法、浸入浴、雨浴（天气允许的话）、坐浴（包括冷水、微热水、热水、流动水或是浸蘸水式）、热水坐浴和靠背海绵浴、沙浴、黏土浴、腹卧锅疗法、硫磺浴、拭巾浴、蒸汽浴、湿袜子浴、湿布裹疗法、湿布敷疗法、湿腰带疗法、湿绷带疗法、湿帽子疗法、湿衣服浴。

这些确实是健康假日的全部要素，但一个批评家同时也指出了伴随而来的弊端：

> 遗憾的是，一些水疗机构提供啤酒和其他麻醉剂，同时还允许吸烟，有时我们也听说主管医生开的处方里有熏肉……

> 一些人在洗澡过程中或刚洗完澡后吃羊肉丁、牛排或是喝热的浓茶或咖啡都是一种非常不好的习惯。

这位批评家是斯卡布罗天文观测站的 R.D.B. 韦尔斯"教授"，也是一位骨相学家。他在《水以及水在健康与疾病时的应用》（大约 1885 年）一书中警告外行人在接触这种危险液体时的危险。

> 我在一个天花肆虐、人口密集的地区作演讲时，成功地为好几百人做了水疗法。在这之后，一些居民自认为很聪明，自己便可以使用这种湿布裹疗法。一位可怜的爱冒险的女士竟然把一张床单在冷水里弄湿后，裹到自己的身上，继而上床睡觉！当然，她得了感冒，而且非常严重，不得不来求助我们，于是我们用正确的方法给她裹上湿布，她对在这样短的时间内得到迅速好转感到很吃惊。

还有一次，一个市镇议员得了天花，三个医生都认为无药可救了，但经湿布裹疗并用冷湿布裹住他的脖子后，他脱离了危险。他的家庭医生插手进来，将裹布在热水里蘸过之后拧干使用，结果议员的病情立即恶化。如果不是教授的助手回来及时取走热裹布的话，"病人能否活下来还是个问题"。

让一个皮肤非常湿润的人洗蒸汽浴或是浅水浴都是不明 184
智之举，因为这会进一步增加身体的湿度——身体本身已经
超出它所能负荷的湿度了——使本已不平衡的湿度更加不平
衡；再者，当病人的皮肤潮湿时，他会由于放电过快而虚弱，
并对周围环境的影响作出负面反应。

洗电浴时，病人坐在一个浅的热浴盆里，让磁的一极和病人
的脚接触（或者裹在一个脚趾头上），另一极以一块湿海绵作介质
通到身体的各个部位，电磁必须用上等品牌的，不然的话，振动
会因过强而中断。

由于脑力工作而头脑过热时，睡觉前洗个足浴是大有好处的，
但是足浴时脚趾头要保持动态。洗淋浴的时候，头上应该戴一个
防水套。湿腰带裹的时间过长会产生不良效果：有些人昼夜不取，

湿布裹疗法

一裹就是好几个月。普通湿垫可以每天戴着，这多亏了教授精心设计的特制的、用来裹湿热的围裙。如果病人斋戒，三天内不吃一点固体食品，只随意喝点热水的话，热毯裹疗法会更有效果。"如果还有余力承受的话"，还可以接着进行湿布浴。把湿裹布绑得过紧是一个常见的错误：

185

这样做病人有时会有很强的压迫感，因此，当侍者不在时，他们便挣扎着从床上滚落到地板上，企图挣脱裹布。

韦尔斯"教授"似乎已经从多米尼塞提时代跨跃到了 19 世纪晚期。马克斯兄弟公司的电影剧作家们似乎还没有见过他的《水以及水在健康与疾病时的应用》一书。

爱德华·布尔沃·利顿先生在马尔文进行了水疗，他对湿布裹疗法的评价很高：

我认为每一个对别人的生活肩负责任的人都应该使自己至少熟悉水疗的这一环节。湿布裹疗法是生命的真实卫士。

……一位德高望重的贵格会教徒刚到马尔文时，在房间里走动都会心跳加快。后来，他在爬山时遇到了一位名叫莱恩的先生。当时这位教徒已经 80 岁了，"上山的步履很稳健"。莱恩先生于 1846 年接受了该疗法，并写了一本关于该疗法的书。书中记叙了这位老人：

回来后我们见到了这位布拉德利先生裹疗后正在凉身，看上去皮肤颜色异常。他说他感觉很轻松，也很高兴。

莱恩先生使他的读者们确信"经过水疗后的皮肤是真正的法兰绒马甲，它能很好地抵御自然因素的侵袭"，他和他十来岁的儿子经常步行、爬山，但是我们注意到，在书的插图中他们总是头戴高帽子，身穿燕尾服。一对结婚后 18 年一直没有小孩的夫妇在马尔文接受了这种治疗方法，不到 12 个月竟然就生了一对漂亮的宝宝。威尔逊医生承认，很多从来不采用水疗的人也生育，但是他指出了"水婴"与"红酒和啤酒婴儿"的显著区别。威尔逊医生唯一的真正的担忧是，一些不听话的病人曾把禁品偷偷带入他们的房间，比如馅饼等。本来糕饼已经够呛了，但是阿斯普林小姐（Miss Asplin）还企图把一个长柄炭炉带进去，最后不得不赶她回家。

随着水疗法的出现，大气疗法也出现了，包括从未听说过的太阳浴和身着单衣进行运动。19 世纪 60 年代，瑞克里医生设计了一款特殊的服装，包括敞领衬衣和短裤，看起来像现在徒步旅行者的服装，或加上一顶小小的羽毛软呢帽，看起来像卡通里的德国人或奥地利人，但当时这种服装却具有很强的革命性。

现在的浴室有点不太景气，而且很怪异。参观一些主要的浴室建筑，目的是要重温某种超现实主义的梦想：思绪会从精美的图片艺术展厅突然通往一片有屋顶的废墟，在那里，罗马人的遗址和铁制管道、白色琉璃砖、陈列的展品、污浊的水沟等混杂在一起。一座监狱里的地下室溢出令人窒息的热气，只有金鱼在使用大浴盆。一些脸色苍白的年轻人默默地拿着拭巾，操心的母亲赶着他们穿过镶有爱德华时期瓷砖和彩色玻璃的奇形怪状的走廊，走廊里的侍女手里拿着托盘。它不太像博物馆，不像遗址，不像茶店，不像医院，也不像正在建设中的地铁站，而是所有这些建筑的综合。在泵房，一个三人组合向一群正在编织的淑女和穿着灯笼裤、读着《乡村生活》（*Country Life*）的白发乡绅们演奏着最柔和的轻音乐。虽然时而有人会从蕨草丛中站起身来，踮着脚尖去取一杯很有营养的水，但是他们中很多人处于一种近乎死亡的状态。一些持怀疑态度的旅游者从门口看到了这一情景。

第十四章　热水的祝福

洗澡水加热的方法—滚烫的石头—盆盆罐罐—大铜锅—炉灶和锅炉—自动加热的浴盆—浴盆位置固定了—用煤气加热水—笛夫斯的煤气加热器—博斯·皮杰的失望—厨房里爆炸的恐怖—热水管道—煤气浴—莫姆的热水炉—萨格的蒸汽热水炉—詹宁斯的固体燃料热水炉—斯特罗德的热水炉—热水炉安全设施的改进—多点式热水炉—最新的改进产品

188　我们已经知道洗澡水最早是用滚烫的石头来加热的，后来又用放在炉火上的罐子或锅来加热，再后来又在地窖或外屋的"大铜锅"里加热。大铜锅是一个砌在砖炉里的敞口半球形金属容器。在距洗衣店或自助洗衣店较为遥远的地方，它依然是热洗衣物的主要工具。接下来又出现了与厨房炉灶相连的锅炉。三位一体的壁炉、锅炉和铁制烤箱早在 1806 年就出现了：

> 拉动风门，其中的一个就会在共用的炉火旁受热。烧水器应该有一个带黄铜开关的连接厨房的管子，当需要热水的时候，它就会放出热水来。

1814 年，《晨报》（*Morning Post*）为一个获得专利的蒸汽厨房和炉灶刊登了一则广告，这个系统靠一股小火除了煮饭外，还可以不停地供应 1 到 14 加仑的沸水。下一步需要改进的不是通过管子把热水送到浴室，而是把冷水送到浴室直接加热。因此热洗澡水在冷水通过管道上楼之前就有了。1842 年，《科学与艺术流派杂志》的一篇文章记载道：

> 最近伦敦安装了许多铜浴盆和锡浴盆，浴盆的一端连接着一个小火炉，浴盆周围是一个大套子，向套子里注水，反复循环，直到浴盆里的水被加热到适当的温度。

冰冷的安慰：1846年的浴室仅是卧室里的一个凹槽，供冷水，但没有热水、污水及溢水设备。洗澡前的准备工作完成后，却没有防止地毯浸湿的浴垫。有两条小毛巾，粗糙的那条用作湿裹布。没有洗完澡以后的情况的描述

文章又加以必要地警告："达到适当的温度后，当然必须把火灭掉。"

1851年万国工业大博览会上展出了这种装置，当时英国供暖方面的工程师已达到了同样的水平，并且像一个世纪以前的法国同行一样，也遇到了同样的麻烦。往浴盆里加水和倒水必须人工进行，使用的加热燃料是固体的，结果造成煤烟或木炭气味很大。

190　1850 年亨利·科尔的《设计杂志》推荐了一款"可以在任何一个
　　有烟道的房间里使用的"加热浴盆，这意味着从此浴盆必须永远
　　安放在一个地方。但是人们继续制造可移动的加热浴盆，并没有
　　去面对这个问题。詹宁斯早期设计的一款可移动浴盆除了浴盆本
　　身的加热设备之外，头上还有一个用手泵加水的淋浴。

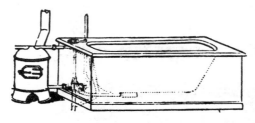

便携式浴盆加热器，1850
年：水循环约半小时就可
成为热洗澡水。这套设施
可移动，适用于任何有烟
道的房间

热水浴设施：由伦敦的泰勒父子公司制造

191　　　冷水管道的安装"像一条受伤的蛇慢慢向前爬行"。当它终
　　于上楼之后，冷水箱也被安放在天花板上容易遭受冷冻的位置。
　　这样，浴盆最终有了自己的房间，被一些错综复杂的管子所固定。
　　这个房间最开始是由卧室改建而成，太大，而且墙纸、窗帘和家
　　具与潮湿、充满蒸汽的环境很不相称。在没有多余空间、甚至连
　　隐秘之处也没有的卧室里，折叠式浴盆在不使用的时候看起来有
　　点像衣橱，可以节省空间。

　　　　虽然早在 1812 年皇室就向煤气与炭业公司颁发了特许状，允
　　许煤气供应商业化，但是直到 19 世纪 50 年代煤气才被用来加热
　　水。人们不断地尝试着设计一种用煤气进行加热的容器来加热洗
　　澡水，但这些人似乎都不懂得基本的原理。笛夫斯在 1850 年的
　　《煤气照明杂志》上声称，他设计了一种"神奇的"加热器，可以

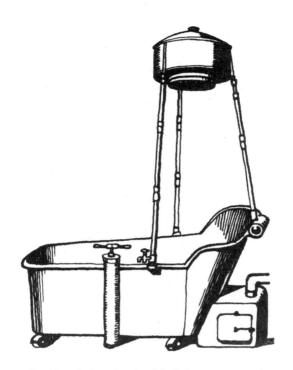

带加热器和淋浴的细长形高靠背浴盆，1850 年

只花费 2 便士的煤气，在 6 分钟内提供热水洗澡。它没有锅炉，被安装在浴盆的下面。

　　每一座建筑都应安装这种既舒适又维护生命的不可缺少的必需品。它花费低廉，任何人都可以承受；它设置简单，连小孩都能操作。

　　用一束火焰给金属浴盆加热，在 6 分钟之内加热 10 加仑的水，没有烟道的话，几乎无法完成这些任务。

1867年,《煤气杂志》一个署名为博斯·皮杰的记者描绘他如何邀请

两个高明的朋友在靠近浴盆水箱一处安装了煤气炉以援助灶火。

锅炉直径1英尺,高18英寸,它使水循环到一个热的贮藏箱,贮藏箱下边是煤气灶,贮藏箱和煤气灶都被铜罩围了起来。可怜的博斯·皮杰再一次感到失望,因为

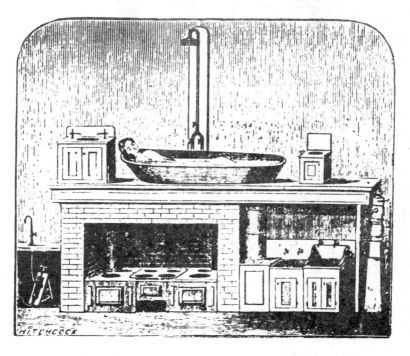

管道工打的广告:马萨诸塞州,波士顿,1850年

他的灶火肯定不能供应充足的热水了。灶火一旦被点燃，整个屋子从上到下就充满了一股没有充分燃烧的煤气味儿，而且铜罩底部也聚集了大量从锅炉底部掉下来的烟灰块。

此时，与炉灶相连的锅炉相当普遍。许多这样的设施似乎都是 1869 年前后安装的，因为那年的 12 月，许多厨房发生了一系列令人恐怖的爆炸事件，其中一起发生在曼彻斯特附近。当时一个女人和她的女儿正坐在炉火旁，在爆炸中，女人被炸死，女儿被烧伤，屋顶塌了，墙倒了，窗户也毁了，睡在炉火旁边的猫和狗也死了。之所以发生这些爆炸，是由于人们把贮存热水的汽缸放在了靠近屋顶的地方，而汽缸又没有安全阀的缘故。上面的冷水箱冻结时人们不知道，热水流出后冷水无法及时注入，锅炉开始干烧，冷水箱开始融化，冷水便进入灼热的锅炉而产生爆炸。如果锅炉很小，汽缸放在楼下的话，上面冻结后，仅仅是水龙头流不出水来而已，汽缸和锅炉里的水仍然是满的，那样就不会发生爆炸。管道工人后来懂得了这些简单的道理，代价就是他们的顾客和宠物。

靠近炉灶的热水汽缸是立式的，用铜制成，不绝缘。热水管道的系统发展也无源可寻。也有可能屋顶上当时还没有可以增压的冷水箱，只用一个在地窖里由仆人操作的手泵把冷水和热水送到楼上的浴盆和其他盥洗盆里。1850 年马萨诸塞州波士顿市一个管道工人打的广告就展示了一个这样的装置，但说明不太容易让人理解。乍一看，浴盆里的女士似乎是躺在厨房的壁炉台上，当领会了图意之后，又发现她是在楼上。浴盆很长，或者说是她很矮。浴盆和淋浴用的是同一个水龙头。左下方的水泵似乎可以移动，柔韧的管子说明连接处可能是可调节的。这种装置几乎不可能长久保持足够的压力。厕所里似乎没有冲水装置或排泄物，它仅仅是一个"便桶"而已。地下可能有沐浴污水和厕所排泄物，但看不见。最右边的物体仍有待解释。

"戈登将军"煤气浴盆

煤气浴包含浴盆和煤气加热器，煤气燃烧嘴的火苗可提供照明。像笛夫斯"神奇的"加热器一样，燃烧嘴直接在浴盆下面燃烧。人们在进入浴盆之前应该把加热器关掉，否则，你将不会有第二次犯错误的机会。尤尔特在这个领域的发明很超前。1882年，他发明的"戈登将军"煤气浴盆以及它精巧的拭巾暖热装置使煤气浴发展到了极致。可移动的加热器较为便宜，它和煤气照明托架相连，放在洗澡水里。这种型号像"Otazel"加热器一样，直到

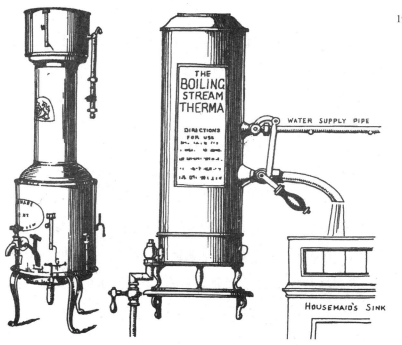

莫姆制造的热水炉， 萨格发明的热水炉，由弗农·哈克特设计
1868 年

20 世纪 20 年代还在使用，或者说是重新使用。

　　1868 年，本杰明·沃迪·莫姆制造了第一个煤气"热水炉"。克里斯比（Cleasby）和韦格弗森（Vigfusson）编纂的《冰岛语字典》（*Icelandic Dictionary*）的每位读者都知道 geyser 这个词等同于 geiser 或是 geisir，它源于冰岛语 geysir，指喷出物或涌出物，或间歇温泉。科学博物馆有一款精致的莫姆热水炉，它的外壳被漆成了绿色大理石颜色，其他配件是光亮的黄铜色，由三条考究的腿支撑，上面有皇家盾形纹章，颇有早期西部火车头的魅力。

在此之后，萨格发明了"蒸汽热水炉"（Boiling Stream Therma），与此同时，尤尔特也改进了热水炉，使它既可用煤又可用油来加热。经过詹宁斯改良的一种型号更好，可用煤、焦炭或木材加热，但加热速度却较慢：

> 热水炉可以直接通过水龙头注水，也可以人工注水，很方便。点火后，根据水温需要必须加热 15 到 30 分钟。

——但这种热水炉几乎不是一个真正的热水炉。真正的热水炉是一个管式热水炉，里边装有铜水管或熟铁水管，弯弯曲曲地缠绕在带有燃烧器的汽缸内。然而，一些早期的热水炉并没有管道，水似乎只是从火苗之间滴淌或喷射而下。1896 年，一则为"管型"热水炉打的特别广告还将其作为一种特殊功能，声称"水并不接触煤气，因此很适合用来烹饪或饮用"。水通常经另一个普通水龙头流入漏斗。一些早期热水炉的功能比当今的并不差。1882 年的水晶宫展览会上展出了斯特罗德设计的一款装置，在 1 小时内用不到 100 立方英尺的煤气使 80 加仑的水升温到 60 华氏度。最先发明的热水炉没有安全设备。因此，遵守一些复杂的说明很重要。

具有安全设施的热水炉的进化可以说是工程师与公众之间长期斗争的结果。工程师认为爆炸的发生既愚蠢又多余，因为他在车间操作了 100 次也没有出现问题，而我们这些普通的愚笨的公众（特别是我们的那些妇女们，她们一碰到机械的东西就头疼）似乎接二连三地弄坏每一种新的安全装置，在那些没有设防的地

不同型号的热水炉，1890—1896 年

方发生爆炸。起初情况对公众极为不利：热水炉没有燃气喷嘴，如果第一根火柴熄灭的话，我们可能不会关掉煤气之后再去划另一根火柴，结果爆炸便发生了，并产生了大量烟雾般的绿色粉末。如果供水不好，或者在关闭煤气之前把水关了，热水炉就会释放蒸汽和熔化的焊料，最后彻底瓦解。工程师埋怨人们愚蠢，于是改造燃烧器装置，使里面的火苗蹿出来用于照明，并且把煤气和水龙头连接在一起，促成了一个安全措施的运营。现在我们不像以前那样紧张了，但是，在装置关闭后我们仍然可以重新点燃不断漏出的煤气，爆炸像从前一样发生。愤怒的工程师使用了燃气喷嘴，但是如果喷嘴熄灭的话，情况会跟从前一样。气急败坏的工程师又设计了一个温度控制计，这样，如果燃气喷嘴自身保持一定的热度，不使温度计失控的话，煤气就不会进入主燃烧器。他还使煤气的流量受到水流的调节，避免了以后爆炸的发生。此

196

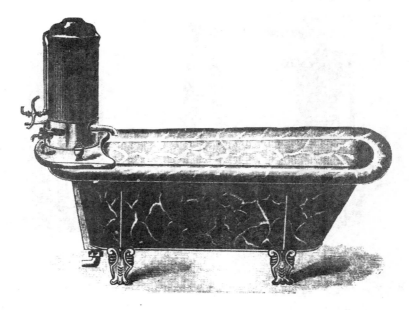

由热水炉直接加热的浴盆

后类似的爆炸几乎再也没有发生过，但仍有其他途径可以引发：如果我们不能正确地使用开关，暂时关闭燃气喷嘴，接着又把它打开的话，温度计就不会及时冷却，因而产生满满一汽缸易爆炸的煤气；如果我们划火柴的时间不合时宜，也将引发爆炸；如果燃气喷嘴熄灭，即使最小的流量也会释放出可以引发爆炸的煤气。但这些事件很少同时发生，可能只有在伦敦寂静的星期天清晨，可以听到为数不多的陈旧的热水炉发出的明显的爆炸声。成长起来的新一代人没有我们那种与生俱来的对"喷出物或涌出物"的恐惧。

198 　　早期制造的热水炉不能承受内部的水压，因而不得不在每一处用水的地方安装一个同样的热水炉。随着多点式热水炉的产生，

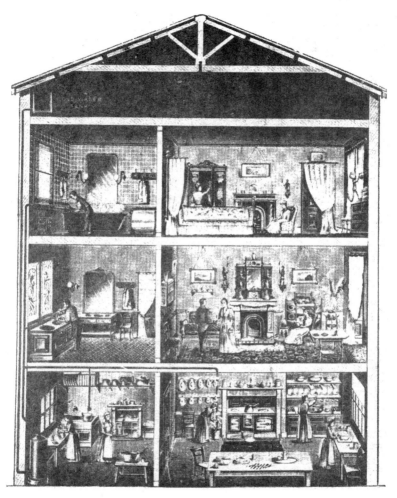

屋子的截面图，显示了各个房间热水的分布情况，
热水由高压循环煤气锅炉提供

一个热水炉就可以同时给几个水龙头供应足够的热水了。1899 年，尤尔特发明的经久耐用的"凯立方"热水器（"Califont"）是同类产品中最早的。但这种设计使热水炉丧失了一大优势，那就是把水加热后，热水会流向所有的龙头，如果只有一处用水，会造成很大的热水浪费。多点式热水炉还会导致使用不同水龙头的人之间发生矛盾。如果厨房侍女让热水流入她的水槽，房屋的主人就会发现他的洗澡水是凉的。用煤气加热的贮水箱克服了这个问题，后来的贮水箱都带有一个恒温计。热水炉的温度控制器是最新改进的产品，它能在冬夏两个季节调节水的温度，也可以用来提供任何从微热到沸腾的温度不等的水。

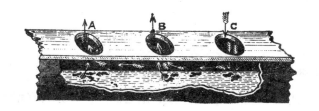

第十五章　问题很特殊

　　薄铁烤箱—乔治·詹宁斯的改革运动—水晶宫需要厕所吗？—停留站—厕所奇迹年—漏斗式坐便器—为富人建的厕所和为穷人建的厕所—特怀福德的直冲式坐便器—赫利尔的最优品坐便器—曼恩的虹吸管式坐便器—詹宁斯的基座花瓶式坐便器—两种奇怪的测试—特怀福德的直冲式基座式坐便器—波斯特尔的直落式坐便器—闻名遐迩的古老坐便器的收藏—亨利·莫尔主教的泥土坐便器—卧室里的泥土—伍德洛德奇妙的系统—热病袭击了不该袭击的阶层—威尔士王子染上了伤寒—史蒂文斯·赫利尔的雄辩口才—报纸滑稽剧的反驳—令人厌恶的例子—T.普里德金·蒂尔指出了一个问题—霍斯福尔先生的好动的男管家—卫生工程师的鼻子—精巧的装置—管道工人总要悬挂响铃—管道工的地位与薪水—保护系统—连曼彻斯特也有了坐便器

200　　1858 年伦敦城区的"公共厕所"为数不多，而且十分肮脏，充其量也只是一些"薄铁烤箱"，附近的住户或办公室租赁者让人搬走了这些碍眼的东西，他们持续不断的抗议使得设施较好的厕所也无法建造。他们认为厕所这个话题很不文雅，也不愿意正视这个问题。后来乔治·詹宁斯崭露头角。詹宁斯曾经在 1851 年的万国工业大博览会上为水晶宫修建了公共厕所，827280 位（或 14% 的）游客付费使用了厕所。《官方报道》说：

> 无需对公开这些事实感到不安，因为……它们深深地触动了所有相关的人……所有的人都必须忍受这些痛苦，尤其是妇女，因为她们更需要这些设施。

除此而外，锡德纳姆（Sydenham）在重新建造当地一座大楼时，人们以经济原因为理由强烈反对修建厕所。他们对詹宁斯说"人们到锡德纳姆来不是上厕所的"。所幸的是，对公众而言，詹宁斯赢得了这场争辩，他的公共厕所每年就创造 1000 英镑的财政收入。1858 年，詹宁斯极力提倡在"那些碍眼的、使大城市受到批评的瘟疫地区"提供适合于"现代文明发展阶段的厕所"。

我知道这个话题非同一般，处理起来也很棘手，但是我们不应该因为虚假的文雅而不去关注那些影响千百万人健康和舒适的问题。这些人每天都穿梭在你们的城市中间……
一个民族的文明可以从它的室内和卫生用具来衡量。虽然我
的建议可能令人无法接受，但是我坚信总有一天，将会在众
人聚集的所有地方建造拥有完备设施的停留站（Halting sta-
tions）。想象一下其中的一个：每次用完坐便器后，一位可敬
的服务员因害怕被解雇而认真地用潮湿的皮革制品擦洗每一
个坐便。他还会给那些顾客递上他们有可能使用的干净拭巾、
梳子和牙刷。鞋匠还可以在里面做擦鞋生意，因为很多人宁
可穿着脏鞋走开，也不愿意站在那儿，让别人盯着他们肮脏
的鞋子。

令人惊讶的是，詹宁斯竟然是把"停留站"修建在地下。墙
上用来张贴列车时刻表和马车租赁费用单，当然没有今天的通告
那样醒目。詹宁斯表示，如果允许他收取一点厕所使用费的话，
它愿意免费提供和修建这样的厕所，同时提供善解人意和回答问 201
题的"优秀服务员"。正是由于詹宁斯，我们才有了"解小便"
（spending a penny）这种表达方法。

由于英国人对所谓高雅的情结，我的建议（我羞于记录）
被绅士们拒绝了。他们宁愿让所有英国人的女儿和妻子在各
个角落里相遇，让所有感官都不舒服，让普通大众遭受痛苦
和长久的伤害，也不情愿修建一座现在对于世界各个城市来
说都极为普遍的供人方便的小房子……对于我所遇到的来自

个体的不可避免的反对意见，我都可以一一向他们表述我的
观点。从他们的反对意见可以看出，他们自己从来也没有使
用过任何形式的厕所。

这场斗争直到 70 年代才取得胜利。主要是因为詹宁斯，我们
才拥有了现在那些"自然规律需要、每一个高雅和有心之人都赞
同的厕所"财富。

伊西先生 1874 年在《住房卫生设施》(*Sanitary Arrangements
for Dwellings*) 一书中说："没有什么比拥有一套好的冲水设施、
安装恰当、下水道畅通的厕所更令人满意的了。"虽然这段开场白
有点过于夸张，但我们可以看出他的意思。

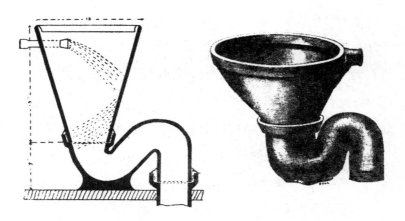

长漏斗坐便器和短漏斗坐便器

1870 年是冲水马桶的奇迹年（annus mirabilis）。此前，人们
一直都在使用老式的"布拉默"，它的唯一竞争对手是漏斗式坐便
器。长漏斗坐便器（Long Hopper Closet）通过一股细小的螺旋式

的水流来冲洗圆锥形便盆，但是用赫利尔的话来说，"按照这种旋转方式，水旋转到 U 形弯管的时候，它已经没有力量带走任何东西了"。需要清洗的面积太大，即使是使用短漏斗坐便器效果也好不到哪里去。短漏斗坐便器由两片耐火黏土烧制而成，它的制作过于简单、便宜。其中一种的广告宣传说"适合监狱、工厂等场 202所"。另一种有"茅舍"和"城堡"两种质量，分别适合穷人和富人使用。赫利尔建议说，与其损毁成千上万个已经制造好了的坐便器，不如让菜园的主人们将其扣在菜上，保护菜叶不受霜冻。

　　大约在 1870 年，汉利（Hanley）的 T.W. 特怀福德先生注意到，他制造"布拉默"坐便器的陶瓷部分只花两先令，而制造铜铁合金的底座却要花 20 到 50 先令不等。特怀福德因此而设计了一款直冲式全陶坐便器。"直冲式坐便器"的浅盆里盛了大约一英寸左右深的水（如果不被蒸发掉的话）。虽然浅盆可以被冲洗一空，但由于冲洗时力量会减弱许多，"大量粪便会存留在弯管，结果几乎什么也冲不掉，"赫利尔说。尽管如此，特怀福德的销售量还是很快就达到了年销售 10000 个。直冲式坐便器最近仍在使用。

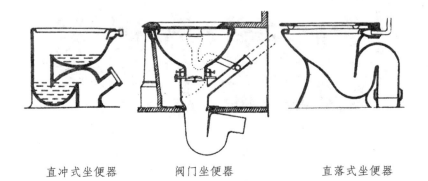

直冲式坐便器　　　　阀门坐便器　　　　　直落式坐便器

203

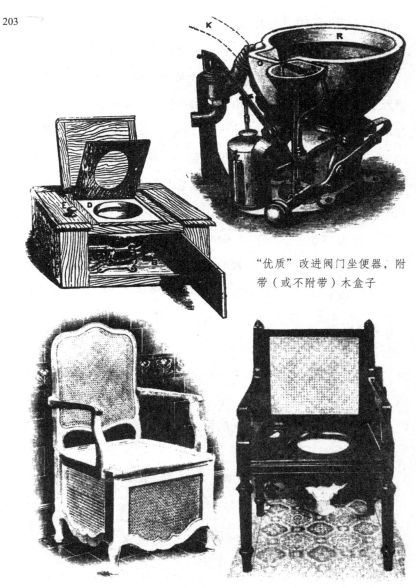

"优质"改进阀门坐便器，附带（或不附带）木盒子

隐藏"优质"改进阀门坐便器的"摩瑞顿"椅子

20世纪的厕所，1900年

　　老式的"布拉默"阀门坐便器有三个缺点：其一，如果不将手柄全部提起的话，冲洗就不能完成；其二，坐便器不常使用的话，用于封臭的水就会被蒸发；其三，冲洗声音太大。1870年赫利尔设计的"优质改进阀门坐便器"克服了这些缺点，但他必须在象牙制品上用雅致的金色字体提醒人们正确使用把手。很多"优质改进阀门坐便器"至今仍然处于良好的工作状态。那些复杂的金属零件可以隐藏在一个特制的红木盒子或箱子里，像一个突起的高台上的御座，为弯管节省了空间。这些零件甚至还可以隐蔽在用藤条编织的精致的椅子里，就像邓特和赫利尔设计的"摩瑞顿"坐便器。这种坐便器仅坐椅部分的价格就高达24英镑10便士。

　　J.R.曼恩设计的虹吸管式坐便器同样也可追溯到1870年。在 204 拉动把手之前，便盆里盛有一些水。一拉动把手，一股快速冲洗

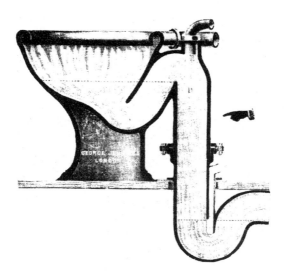

20世纪的虹吸管式坐便器

水流之后有一股慢速水流，此时由于虹吸作用，盆里的东西还在继续移动。坐便器终于不用在整个房子里大声宣扬它的各种用途了。从这方面来说，它比今天的许多坐便器都好。

詹宁斯的"基座花瓶"式坐便器在 1884 年的健康展览会（Health Exhibition）上赢得了金奖，它被认为是"最完善、最卫生的坐便器"，在一次试验中，它用两加仑的水就彻底地冲走了

> 10 个直径为 1.25 英寸的苹果
>
> 1 块直径大约为 4.5 英寸的薄海绵
>
> 便盆上管道工人留下的"污物"
>
> 4 张粘贴在污物上的纸。

尚克斯先生在设计一种新的型号时做了一个比较简单的试验，他从一个实习助理的头上抓起了一顶帽子，扔进了坐便器，然后拉动把手上的链子。看到帽子被冲走时，他高兴地喊道："成功了！"

1885 年特怀福德设计的直冲式一体坐便器问世了。它被称为是基座式坐便器的开路先锋，显然和詹宁斯设计的"基座花瓶"式坐便器日期相近。从此以后，人们开始明智地在明处安装坐便器。坐便器没有木制部分，因此便于检修，同时也去掉了藏污纳垢的角落和管道。被广泛称为"万物托盘"的装置变得不太必要了。

1899 年，闻名遐迩的布赖顿公司的 D.T. 波斯特尔发明了现在这种样式的直落式坐便器。他无意中收集了一大批先人们用过

埃皮克的虹吸管式坐便器，1897 年

的马桶座。他发明的这种型号的坐便器既简单又有效，可制成一个整体，它外露的表面很小，冲水时毫不受阻。像稍早的型号一样，它大约需要 3 加仑的冲洗量，而大多数自来水公司规定的是两加仑。它的噪音很大。但厕所问题在"阿贾克斯"（Ajax）过去二百九十三年之后基本得到了解决①。

阀门式坐便器的冲洗无需在前后两次使用之间注水，但是却因有可能浪费水而遭到了抗议。自来水当局甚至要求用计量器来限制注水。一个可以预先定好水量、排放之后能够自动关闭阀门的计量器发明之后，抗议得到平息。

英国交通部保存了一些精美的有历史意义的坐便器，都是私人收藏品。邓特和赫利尔先生的收藏品在战争中被敌人摧毁，帕　208

①　指第六章"肮脏的日子"中哈灵顿的厕所改造计划。

206

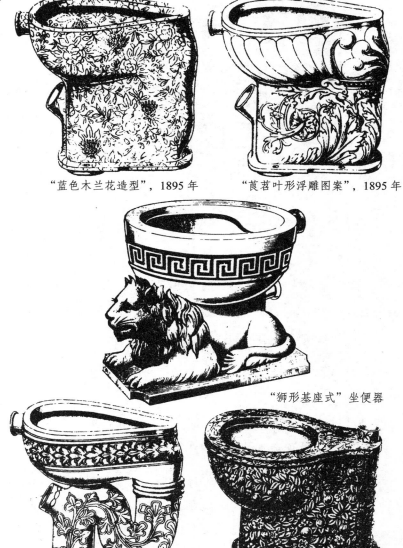

"蓝色木兰花造型"，1895 年　　　　"莨苕叶形浮雕图案"，1895 年

"狮形基座式"坐便器

"朗伯斯"坐便器，1895 年　　　　"深紫色桃叶形图案"，1890 年

"海豚"坐便器，1882 年

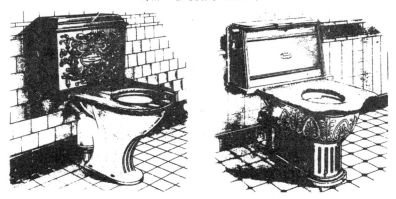

"冲落式连体坐便器"，1895 年

克斯医生钟爱的收藏品遭遇更加悲惨，令人难以释怀。帕克斯医生是帕克斯博物馆的创始人，该博物馆当时托管于皇家卫生院，该机构改名为皇家卫生协会后，这些记载了卫生史上具有不可替代的里程碑意义的老式坐便器被以 5 万英镑的价格抛售给了一个业余收藏家。他根本无力保管这些收藏品，全部被丢失，再也找不回来了。希望将来任何这样的祖传物都会被遗赠给科学博物馆，并且能有地方井然有序地展出这些物品。人们往往把一件看似分文不值的废品毁坏了二十年之后，才意识到它的重大历史价值。

还有一个枝节问题可以追溯到更早。亨利·莫尔主教的说教已经被遗忘了，但是在相关的清洁编年史中却留下了他的名字。1860 年他发明了泥土坐便器，款式很简单：木座下边是一个木桶，木桶上方靠后的地方是一个漏斗，里边装满了细土、焦炭或灰烬。当拉动把手时，一层土便落入木桶里，隔一段时间再把它倒掉。化学家们向我们保证：排泄物很快就变成无味的肥料。特制的小火炉用来烤干要用的泥土，烤箱或温室也可以起同样的作用。如果用灰烬的话，就得在上边加上一个筛子，用来过滤未燃尽的炭。另一款设计精巧的坐便器是靠使用者起立时座位的轻微运动来工作的：对不知情的使用者来说，它的突如其来的响声会让人大吃一惊。"在病房里，这种散布泥土的方法可能会遭到反对，因为起立时或多或少的震动都会干扰病人的神经。"男人在不需坐的时候使用泥土坐便器被认为是很没有风度的。

尽管化学家们做了保证，但当我们看到 1900 年一家公司的一则广告时，我们都表示怀疑，公司名称在此不提：

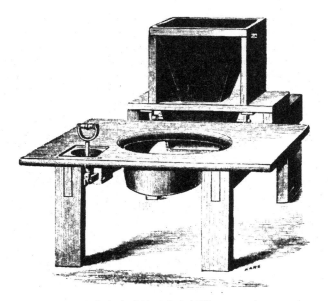

莫尔发明的泥土坐便器，1860 年

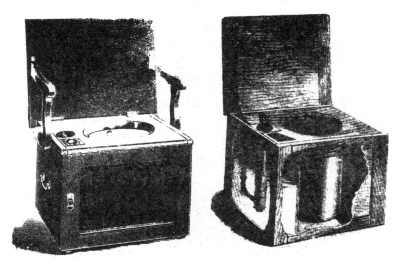

带有水泵和铜桶的便携式水厕，1882 年

便桶，或称可移动坐便器，在卧室和托儿所里堪称有用，然而在病房、医院和疗养院里却极有价值。每一个便桶都配有一个蓄土池、带一个漏土装置和一个提桶。蓄土池必须蓄满土，提桶必须按要求经常清空。

210　　在莫尔简单的设计基础上，一位格勒特先生于1898年建造了也许是为私人住宅设计的最复杂的厕所系统，并获得了专利。在伍德洛德，靠近格洛斯特郡大西部铁路公司的比格斯威尔（Bigsweir）火车站，每层的厕所都装有泥土坐便器，坐便器后方的墙外有一个很粗的竖管，粪便顺着它流到地面的容器里，干净的泥土被装在一个口袋里，用滑轮和绳子顺着同一根竖管运上来。格瑞特先生说，容器只需一个月清理一次，清理者将用过的泥土从容器里倒进一辆"特别的独轮车"，然后又从独轮车上倒入收废物的小车。这辆小车也很"特别"，它能够把装载物倾倒进一辆"特制"的铁路运输车，进而被运到乡下。运输到此就为止了。我们没有见过"伍德洛德"的厕所及其附属物的图片，也不知道格勒特先生的管道、容器、小车以及铁路运输花费的数字和工人的工资单。格勒特先生第一次和大西部铁路公司会面时没有留下任何谈话记录。人们怀疑那次会面时，他们定下了让私人拥有铁路运输车的主意。那么多人为了那么少的人付出了那么大的努力，这在卫生史上从来都没有过。

新修建的下水道和公共澡堂以及对劣质管道安装的认识并没有对普通大众产生及时和良好的效果。1866年流行的霍乱绝非灾难的结束。肠疾热和伤寒肆虐；更糟糕的是，这些疾病开始对拥有高质量管道的上层人也显得无礼。死亡似乎不愿饶过乡绅和他的亲戚们，沃辛爆发的一场肠疾热几乎无一例外地袭击了上层的富有人家，他们的冲水厕所都在室内，而穷困一些的地方都没有遭受袭击。伤寒在袭击了布拉默姆大学众多年轻绅士的同时，却放过了附近的乡村学校。接下来发生了一起更让人意想不到的事。1871 年，威尔士王子，即后来的国王爱德华七世，下榻于斯卡布罗附近的伦德斯布罗公寓。他回到桑德灵厄姆（Sandringham）后就感染上了伤寒，跟他在一起的切斯特菲尔德伯爵以及王子的马伕都死了。很显然他们住过的房子就是祸源。此时民族意识真的被唤醒了：王位的继承人差一点受到伦德斯布罗排水道的惩罚。

　　在新一轮的运动中，史蒂文斯·赫利尔站在了前沿。康复后的王子兴致勃勃，对管道发生了兴趣。他说了一句日后被人引用频繁的话，有点儿令人难以置信。他说，如果他能不当王子的话，就会首先考虑当一个管道工人。在皇家艺术协会庄严的前言里，赫利尔十分清楚地告诉他的同行：

　　　　你们坚强的臂膀、结实的肌肉、熟练的手指和灵巧的手，211掌握着这座大城市的健康。

　　假如赫利尔不是一个管道工人，他或许就成为诗人了，那他就不会容忍人们嘲笑管道工人。有一则反复被人们讲述的笑话嘲笑一个回去取工具的管道工人，使赫利尔受到了刺激，他反驳道：

当报纸上的滑稽剧企图"表现"英国工人时，公众真的被逗乐了。但我怀疑英国工人是否会从这些漫画中得到任何的乐趣。坐在安乐椅上写滑稽短剧的人只需要笔墨来完成他漂亮的工作，但是一个可怜的管道工……他的工具箱沉重得连毛驴都感到背部疼痛，他可能会需要里面的任何一件工具，他也需要充满胡萝卜香味的空气才能继续工作。

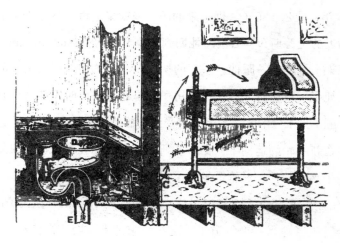

"危险的水厕"

赫利尔的著作是早期教科书中最优秀的。他用生动的语言和看似天真但却很有说服力的图片，谴责了一系列陈旧的卫生设施。这些设施包括：老式的砖砌的排水道（"延伸的粪坑"）、硕大的无法自身进行净化的排水道、上行或接口为直角的排水道、用于排放阴沟里臭气的废气管道、不通风的粪道、没有弯管的粪道、效果极差的弯管、盘式坐便器、直冲式坐便器以及靠近窗户的下水道排气孔。上一代的改革者们已经提到过的都是一些令人嫌恶的例子。赫利尔反对一些新式的"如雨后春笋般出现的"冲水马桶——很生动的描述——不无道理地抱怨这些新式厕所要等待8分钟才能进行第二次冲洗。

　　T. 普里德金·蒂尔医生同样也指出了许多厕所的污臭之处。212像赫利尔一样，他为自己的《家政卫生缺陷图片导读》（*Pictorial Guide to Domestic Sanitary Defects*）（1874）一书画了插图，那些看似不相关的细节都值得仔细查看。在原作品中，代表臭味的箭头被漆成了看似有毒的绿色，增加了恐惧感。他揭露了一个有趣的事实，那就是当时的外科手术通常都在病人的家里进行：在其中一起这样的手术中，外科医生一直等到地板下的粪道和下水道被切断之后才给病人开刀。有一截这样的粪道破旧到了极点，"破

Rats, and the tale they tell

T.P.T.Inv.

老鼠和它们所讲述的故事

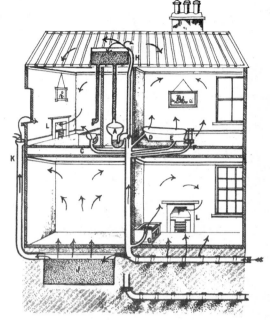

有缺陷的卫生装置

A. 屋子中央的厕所。

B. 房间里地板下的排水管。

C. 盥洗室的污水管道——无防臭弯管，污水直接流经厕所的土质管道，使得沼气直接被 L 处的火导入屋子。

D. 浴室的溢水管道，无防臭弯管，直接流经土质管道。

E. 浴室的污水管理，无防臭弯管，直接流经土质管道。

F. 水龙头下的节水缺，无防臭弯管，直接流经土质管道。

G. 厨房的水槽，无防臭弯管，直接流经土质管道。

H. 厕所蓄水池的溢水流入厕所的土质管道，使得排水道的沼气上升至屋顶，污染了室内的空气，也污染了蓄水池里的水，而蓄水池的水也是家庭饮用水和清洁的来源。

J. 地板下的雨水箱。

K. 直立管道，用于排放雨水箱里的臭气，这种臭气是由于水箱受排水管道里沼气污染产生的，正好从一扇窗户的正下方排放出来。

L. 房屋地下的排水管道，由于没有使用水泥接头而有渗漏现象，竖直的土质管道与水平安装的管道连接有问题，管道的落差也不甚合理。

裂时就像松脆饼"。厨房的墙壁到处"流着黑色的水印子"。J. 霍斯福尔（J. Horsfall）先生看到他的管家在地窖里一个无遮盖的粪坑里捉老鼠。蒂尔说，这种情况

> 很可能是造成很多厨师、厨房侍女以及管家们头痛、嗓子痛以及身体不适的原因，还可能导致他们使用自己开具的不安全的处方——烈性酒和啤酒，这样的例子不胜枚举。

那个年代的卫生工程师最重要的是要有一个敏感的鼻子来嗅出问题所在，并学会区分氨气、湿气与腐烂的气味。"这些气味本质上都不是极为有害的危险气味，还有一种类似香气的味道更加糟糕"。在这场可怕的搜寻中，工程师或管道工人可以借助薄荷来检测臭气。在排污系统内加入薄荷油就能嗅出远处有无问题；214 他还可以借助烟雾：在一次令人费解的检测中，难以发现的臭气竟然顺着烟囱进入了卧室；同样，他还可以借助"水道榴弹"和"佩恩的水道火箭"，它们可以"散发出大量浓厚的有刺鼻气味的烟雾"。

许多享有专利的小器械被用于冲水厕所的消毒和去味，通常只能做到"以味掩臭"（现今仍被接受），这些方法都是治标不治本。

管道工人的职责还包括铃铛的悬挂（如果希望进出口很隐蔽 215 的话，铃线可以从排气管道内放下来，非常方便）以及后来的新电铃的安装。新电铃里装着含有氯化氨的湿电池，被称作"东方

虽然这台机器具有不可思议的力量，但它既不沉重也不复杂，

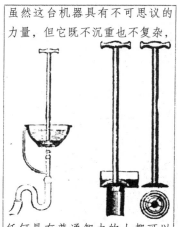

任何具有普通智力的人都可以在较短的时间内用它来移走最难制服的阻碍物

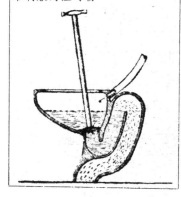

伯内特享有专利的烟道测试器

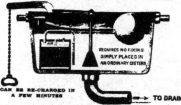

自动消毒器，用于厕所和小便所，既经济又方便

享有专利的小器械

骆驼的理想产品"。

管道工人的地位和薪水不断上升：

	每天	每星期	每星期工时
1837 年	4 先令 6 便士	27 先令	54，星期六全天工作
1844 年	5 先令	30 先令	同上
1855 年	5 先令 6 便士	33 先令	61.5，星期六下午至 4 点
1861—1873 年	6 先令 4 便士	35 先令 10 便士	58.5，星期六下午至 1 点

1837 年工人每小时的费用为 6 便士，1896 年为 10.5 便士，1918 年为 1 先令 5.5 便士，现在大约是 4 先令 9 便士。1879 年，邓特和赫利尔给每一个有功雇员奖励了一个显赫的"业绩证书"。

"木桶和浴盆"这种清污方式一直持续到 20 世纪。在 1896 年 216 的罗奇代尔，除了"较好的人家"使用的 750 个冲水厕所以外，官方的人使用的都是一锯为二的木制汽油桶做成的便桶。装满粪便的木桶被收走后换上另一个空木桶。感染了疾病的人家使用的木桶被涂成特殊的颜色。曼彻斯特的卫生设施很落后，直到 1871 年，用木桶盛装粪便的方式才取代了粪堆。但是到了 1898 年，"就连曼彻斯特"也引进了冲水厕所。只有赫尔、罗奇代尔、沃林顿和达温等地完全保留了用木桶清除粪便的方式。

这时死神的行为也比较理性了：在莱斯特的导航街，没有冲水厕所的人家得伤寒的人比有冲水厕所的人家高出 4 倍，情况本应如此。

管道工人的"业绩证书"

第十六章　管道工人的进步

218   旧式的盥洗架一直沿用到 1780 年前后。1830 年前后出现了一种新的样式，它比以前的架子大得多，呈长方形，实质上是一张大理石台面、带木质或大理石背板的桌子。它的盥洗盆比以前的大，没有嵌在桌面上，盆里放了一个罐子，可以盛至少一加仑的冷水。盥洗架上有瓷质肥皂托盘，托盘里放着带孔的衬垫；放海绵的钵里也有衬垫，还有刷牙杯、水瓶甚至装假牙的容器。桌下面的架子上放了一只陶瓷污水桶，上面有一个很浅的陶瓷漏斗和盖子，或许还有一个编织的提手，或许还有一个小小的陶瓷洗脚盆。在双人卧室里所有这些东西都是必备的。后来，背板被加大成为一个用釉瓷装饰的防溅板，上方有一个架子。供应热水的容器是一个用拭巾裹着的铜罐。送热水上楼的女仆有自己的盥洗架，用松木油漆而成，台面不是大理石，而是油毡。

这种样式的盥洗架一直延续到大约 1870 年前后卧室里有了自来水之后。在没有管道设备的地方，这种盥洗架延续的时间更长。自从有了自来水，盥洗盆就被嵌入大理石台面，成为固定装置。为了遮蔽供水和下水管道，所有这些设施都被放入了用红木镶板和雕刻制成的盥洗台。机械化一点也没有破坏装饰效果，与釉瓷的防溅板、加框的镜子、挂拭巾的横杆结合在一起，盥洗架显得富丽堂皇。它可以放在浴室、卧室或化妆室里。尽管它由于管道和体积庞大而不能移动，但它仍被看作是一件家具，甚至在凹进去放脚的地方还被用来放置一个无盖的垃圾桶。像那个时代的多

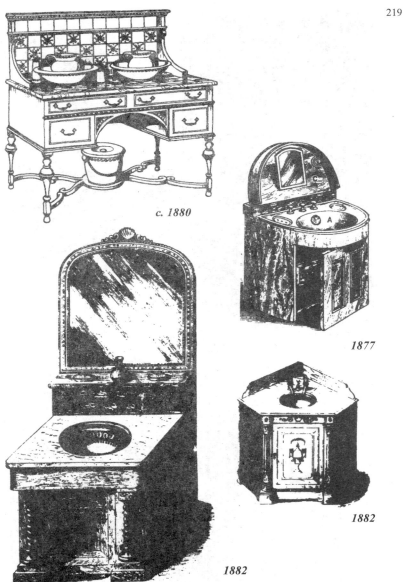

c. 1880

1877

1882

1882

19世纪80年代的红木及大理石盥洗架

220

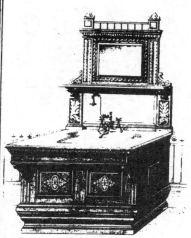

小型盥洗架，1890 年

盥洗架，1877 年

浴室，海尔亚，1877 年

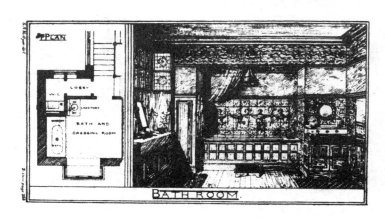

221

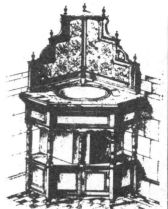

盥洗架，1895 年

复合式盥洗架，1900 年

盥洗架，海尔亚，1877 年

盥洗架，1895 年

数家具一样，它在房间里很显眼，不像 18 世纪那些盥洗架那样不引人注目。它价格昂贵，并且有意让他人感觉如此。

222 这些实实在在的、象征等级地位和财富的喜好及时地渗透到了中产阶层。营销新的奢侈品是一个普遍规则，当数量少价格高时，可以让少数上层人物倾财购买，然后为中产阶级市场降低一点质量，降低多一点价格。尽管当时工厂大批量地生产铸造产品、釉砖瓦以及各种装饰品，但是 1880 年左右生产的一个标志性洗盆并不是批量生产的，它的原材料是铸铁。1851 年大博览会上，这种材料显示了惊人的前景，使得用半价的花费制造双倍华丽的盥洗架成为可能。在亚当斯、博尔丁、福洛伊、詹宁斯、尚克斯、特怀福德等人的商品手册里，铸铁的应用几乎达到了炉火纯青的地步。铸铁框里嵌入的陶瓷盆代替了木框里嵌的盥洗盆。只需转动一下铸铁勺就能生产出大量的铁腿、托架、挂拭巾的横杆、架子、镜框以及铁质挂衣钩。如果追根溯源的话，它们的样式包括了从帝国式到罗可可式（rococo）所有的款式，但是科尔布鲁克达尔风格（Coalbrookdale）多于巴黎风格。铁被涂上油漆，模仿木料、大理石、黄铜或黄金的颜色。福洛伊幻想的包括水龙头的马自潘后期款式（Late Marzipan）以 7 英镑的价格问世。1880 年到 1900 年的商品目录采用了平版印刷，色彩丰富，黄金用量充足，是一笔财富。尽管我们不赞同这样做，但仍然禁不住对这些珍品表现出极大的欣赏。

90 年代出现的一个奢侈品是脸浴，它可能已经被人忘了。它像喷泉一样从盥洗盆的底部向上喷水。翻转式盥洗盆倾倒污水时

盥洗架上的铸铁细工饰品

铸铁盥洗架，1900 年

基座式翻转脸盆，1890 年

将脸盆翻转，水流入紧接在下面的容器，不需要塞子。翻转式的洗盆流行了几十年，但隐蔽在下面的容器常常会散发气味。

大约到了1900年，从前认为无法制造的一体式盥洗盆代替了组合式盥洗盆，一体式洗盆用白陶或釉陶制成，带有平台和放置肥皂的凹槽。一体式洗盆暴露在外，便于清洗。以前，人们认为这些简单的用品只能放在仆人的房间。有时溢出来的水可以被清理掉——这一点即使在今天也未必做得到。1900年后不久，用黏土烧制的基座式洗盆产生了：它外表整洁，清洗方便。然而后一个优点经常由于过分装饰而不易清洗。铸铁（被精心地漆成古铜色或黑色）基座式脸盆在此之前已经存在。

直到1918年前后，卧室里的洗脸盆还是一件不寻常的奢侈品，虽然赫利尔早在1870年前后就已经慷慨地承诺说，只要管道安装适当，通风设备良好，"满足这种奢侈并没有害处"。

224　　当浴盆首次被安装在像样的有热水的浴室时，它只是一个简单的用薄铁制成的东西，上面漆有一点木纹或者用模版印刷的图案作为装饰。虽然1855年乔治·范德比尔特在纽约的浴室内安装了一个罕见奢侈的"瓷制"浴盆，但是它的外表并不算招摇。所有管道都一览无余地显露在外，配件都是一些必不可少的，并且安装紧凑。它的样式简单，功能多样。浴室和盥洗室一样，不再被看作是一个用于炫耀的好地方。

大约1880年时，情况又发生了变化。人们手中的钱多了。浴室成为人们向朋友炫耀财富和品味的一种方式。像晚些时候的戴姆勒金质餐具一样，与其说它是一件有用的东西，还不如说它是

乔治·范德比尔特在纽约的浴室，1855 年

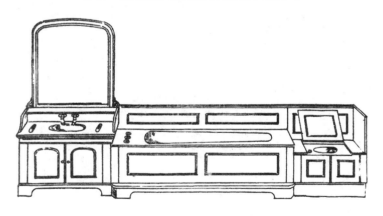

有铜浴盆的浴室，1857 年

财富的证明。虽然多数浴室仍然是由卧室改建的，但是新建的房屋都设计了浴室，浴室的面积与房间一样大。浴盆被镶进一个用镶板做成的木质结构，有一个带木框的用釉瓷装饰的精致防溅板。

更耀眼的是"篷式浴盆",它的淋浴间嵌在一个雕刻精制的红木
篷子里,价值与文艺复兴时期祭坛后上方的绘画作品相当。由于
226 忌妒浴室制造者所展示的技艺,管道工人也开始充分发挥他们的
想象。1882 年尤尔特经过"改进的喷洒浴盆"有不下 10 个亮晃
晃的控制旋钮,快乐的沐浴者可以任意选择变幻无穷的供水方式:

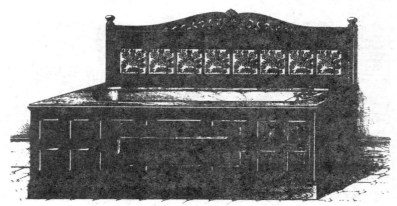

大型红木浴盆,1890 年

大型红木浴盆,1895 年

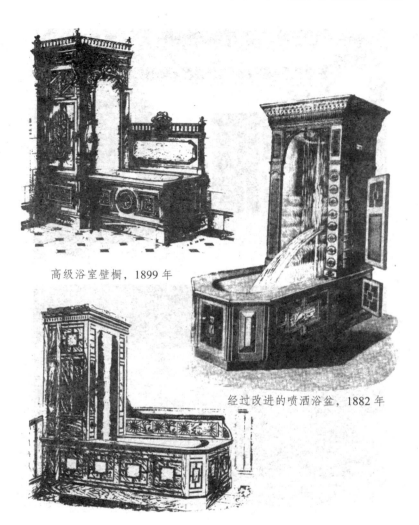

高级浴室壁橱，1899 年

经过改进的喷洒浴盆，1882 年

享有专利的东方喷洒浴盆，1890 年

227

浴室窗帘和地毯

热水或是冷水淋浴、喷洒浴、冲洗浴、波浪浴、坐浴或池浴。福洛伊"享有专利的东方喷洒浴盆"花费高达 147 英镑 7 先令 6 便士，而且还仅仅是普通的样子。如果按照建筑师的要求设计特别的浴盆，毫无疑问要昂贵得多。每一样东西都庞大而结实：在奥斯本，维多利亚女王浴室的黄铜水龙头看上去能够用在一艘战舰的锅炉上。浴室窗户通常都是彩色玻璃的，而且有厚厚的带流苏的窗帘。80 年代，詹宁斯的豪华浴室仍然贴的是花格墙纸，但很快便流行在墙上和地板上铺瓷砖。1900 年尚克斯的豪华浴室铺了地板砖，但地上仍有一条宽大的毯子。浴室的彩色玻璃窗与它的爱奥尼亚式锡耶纳大理石壁柱显得格格不入。盥洗盆、坐浴盆、足浴盆之间都保持着相当的距离，加上黄铜拭巾架和煤气吊灯，展现出一派恢宏的气势。

浴盆制造材料的变化对浴室没有明显的影响，铸铁浴盆大约 228 1880 年前后问世，最早的制造商可能是科伯恩或卡伦公司。这些铁器铸造者们在制造看上去十分简单的东西上显得行动十分缓慢。早在 1740 年就出现了第一艘铸铁船，1770 年就出现了第一架铸铁桥。但无论是船还是桥，每一个部件都没有像生产表面光滑的一体浴盆那样出现可能过厚或过重这样的技术问题。铸铁浴盆一开始并不是一件奢侈品，它的边缘扁平，像铁皮浴盆的边缘一样，便于安装木制台面。铸铁卷边是许多年以后才出现的，铁盆被镀了锌或上了油漆，而油漆却造成了很多麻烦。在很多年里，制造商们都轮番声称说，他们终于，也是首次，解决了瓷釉问题，使得产品既耐磨损又耐热水。但很多户主仍然发现重新上漆是迟早的事，许多人还像《小人物日记》里的普特先生那样陷入了困境：

4 月 26 日。又弄了一些红色的彩釉（觉得红色是最好的颜色）给煤筐和我们的"莎士比亚"背后涂了釉漆。它的连接部分已经磨损了。

4月27日。给浴盆涂了红色的彩釉，对它的效果感到很满意。遗憾的是嘉丽并不满意。实际上我们因此有了一点争执。她说我应该问问她，她从来没听说过把浴盆涂成红色这种事。我回答说："这仅仅是喜好的问题。"

他买了更多的彩釉——这次是黑色的——在28日的晚上给壁炉挡板、画框、一双旧靴子和他朋友高英的拐杖都涂了油漆。

4月29日。洗澡水准备好了——烫得几乎忍受不了。我坚持着走进浴盆，水很烫，但是还可以接受。我静静地躺了一会儿。

当我把手伸出水面时，我经历了一生中从未有过的巨大恐惧。想象一下我当时的样子，当我发现自己的手上满是鲜血时的恐慌。我的第一个念头就是动脉血管破裂了，就要因流血过多而死亡，然后我被人发现，就像第二个马拉，我记得在图索夫人的家里见到他的样子。我的第二个念头是按铃，但又想到没有铃可按。我的第三个念头想到了彩釉，这里除了彩釉什么都没有，彩釉已经全部融化到了沸腾的水里。我走出浴盆，全身上下都是红色，就像我在伦敦东区一所剧院里所见过的印第安人。我决定不向嘉丽透露一言半语，但是决定星期一告诉法默森，让他把浴盆漆成白色。

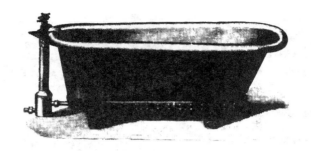

造型各异的浴盆

琳琅满目的浴盆装饰图案

230 大理石纹理仍是最受欢迎的浴盆内部修饰。浴盆外部装饰也越来越精巧。到了 1900 年，浴盆的外部装饰品种已经差不多和墙纸一样多了。

231 比较富裕的顾客可以选择一体式陶瓷浴盆，它经久耐用，清

浴盆有了更多的装饰

洗方便，但是体积沉重、易碎、不易运输。另外，它在被水暖热之前摸起来总是冰凉冰凉的。

正如在昂贵的组合式盥洗架之后出现了普通铸铁式盥洗架一样，红木篷式浴盆之后，大约在 1900 年也出现了一种纯金属的浴盆。淋浴花洒的挡水设施变成了锌板制成的半圆形的屏，双层，里边一层打了孔，能喷水，可以代替头顶上方的花洒。通过一个

232

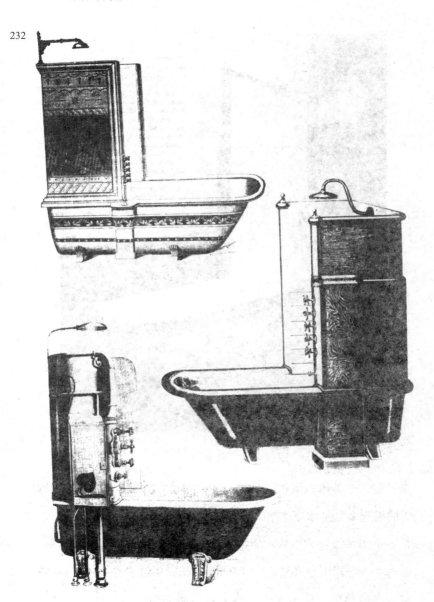

池浴盆、喷洒浴盆和淋浴盆

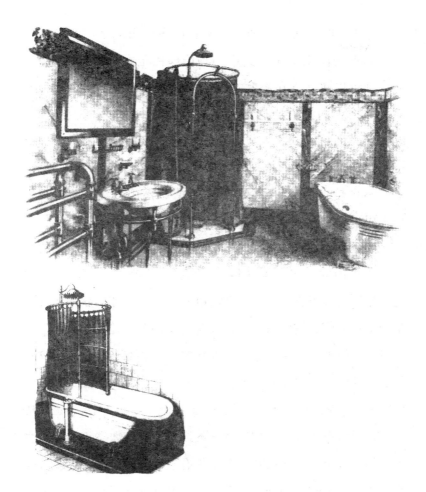

"典型浴室"，1902 年

装有铰链的门可以看到管道和装配件。淋浴屏的外部有更多的装饰。尚克斯的"独立式"池浴盆、喷洒浴盆和淋浴盆的内部涂了金属釉彩，外部用亮漆装饰，"满足了这个时代的卫生要求"，全部花费 27 英镑 10 先令。

233　　与此同时，两种更加简单易行的淋浴出现了。两者都有一个环形的防水帘子。其中一种能够固定在普通浴盆之上，另一种可以将其立在浴盆本身的浅水槽和污水之上。这种淋浴由一个大的拭巾加热架和一个空心管支撑的盥洗盆组成，因此抛光的镀镍制品就成了一些浴室的主基调。木制品、帘子和毯子都过时了，取而代之的是白色釉彩、瓷砖和大理石。浴室不再是一个摆放家具的房间。它仍然引人注目，但却更加实用了。

234　　从一个布置堂皇的房间缩小到一个紧凑的浴室，空间的节约始于美国的旅店。1827 年，波士顿一家宾馆有了厕所和浴室，尽管这些厕所和浴室都设在地下室。1853 年，新泽西五月角的蒙特弗农宾馆的每一间卧室都有了浴盆，提供冷热水。这种高消费的想法传播缓慢，直到 1906 年，巴黎的瑞兹饭店才效仿了这种做法。1908 年，布法罗的斯达特莱宾馆打出了一则广告："带浴室的房间 1.5 美元"，引起了极大震动。当局者也渐渐相信，通风设备和管道装置良好的浴室不一定要置于墙外。宾馆计划在两个卧室之间建造两个带有浅水井和排水管道或者是交叉通风的浴室和橱柜。因此高大建筑外观变得整齐了。美国建筑师自然要批评英国人穿着睡袍从走廊跑向浴室的做法。但英国人已经尽力了。毕竟美国没有英格兰那么多的中世纪客栈。如果心地善良的房东坚持要以某种方式在每个拐来拐去的中世纪卧房里挤进一个时髦的浴室，像布尔福德的布尔宾馆这种可爱的地方（16 世纪时它的正面在抗议声中进行了一些装饰）就

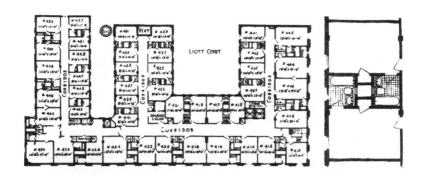

斯达特莱宾馆，美国布法罗，1908 年

会失去一些忠实的顾客以及吸引这些顾客的特色。对于这些忠实的顾客来说，即使有时人很多，但只要水是热的，浴室是清洁的，就已经足够了。

　　1900 年后不久，浴室变得更小了，所有的配件和管道都装在一面墙上。建筑师们开始喜欢在一幢大房子里设计几间小浴室，而不是一个大浴室。大浴室只能在孩子或仆人们都要洗时才能使用。除了偶尔有一些昂贵的享受物品之外，即使是最宽敞的房子，它的浴室和最小的新建别墅里的浴室也基本相同。

　　西方文明最终确定了它想要的浴盆形状：大约 5 英尺 6 英寸 237 长、两边平行或一端略为变窄、卷边的单人浴盆，水龙头和浴盆相连。大量的、不断上升的需求使廉价的、标准型产品很实用。铁板工艺这种需要娴熟手工的制品消失了。大约 1910 年时，铸铁浴盆大量上市，仅需在浴盆内侧上釉、外部上漆或嵌入一个框架，价格人人都能接受。

235

爱奥尼亚式壁柱、锡耶纳大理石、彩色玻璃及地毯

"彩虹和贝壳"图案，1899 年

紧凑的"小浴室"，1908 年

爱德华时代雅致的盥洗架

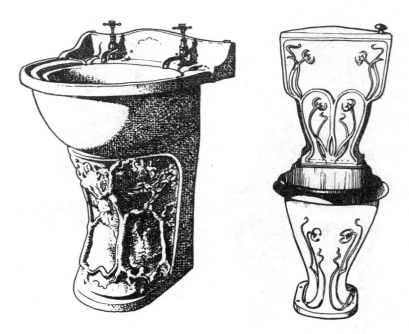

盥洗架上体现的新艺术，1907年

　　大约与此同时，表面的最后处理也由于"瓷釉"的完善而得到了解决。瓷釉既非瓷亦非釉，严格说来，它是类似玻璃的透明涂料。除了最表面的一层，它像玻璃一样透明，最表面一层加入了白色或淡色的"不透明物"。釉的基本成分是沙、石灰和碳氢钠。这些物质首先被熔合，接着进行冷却，最后被磨成粉末。先要在铸铁的浴盆上喷沙，在保持灼热的同时再喷上粉末，喷粉要反复多次，反复加热，才能使釉与金属达到熔合。好的瓷釉膨胀率和收缩率与浴盆相同，因此几乎不会损坏。

　　耐火黏土浴盆是铸铁浴盆唯一真正的对手，以前是用手把238 黏土放到模子里造成，厚度的准确性完全依赖于操作者的技术。

1906 年前后，这种不易掌握的手工活儿被铸造技术所代替。加入水和化学盐使黏土稀释后，将液体倒入一个有渗水性能的灰质铸槽，结果就生产出一个厚度完全一致，承重比例最大的浴盆。接下来把浴盆放入窑里像烘面包一样连续烘烤。1916 年前后，耐火黏土浴盆开始大批量生产。几乎与此同时，今天这种标准型号的、里外都上瓷釉的铸铁浴盆也开始了大批量的生产。除了在国内市场上销售的浴盆而外，成千上万的浴盆被出口到东方，结果产生了一个不良的负面效应：由于富人采用了西方风格的浴室，因此土耳其浴室的消费者几乎只剩下了相对贫穷的人，只能任其富丽的装饰和陈设物品破败，土耳其浴室也从此衰落。

第十七章　厕所杂物

肥皂及其代用品—卡斯蒂尔的香皂—肥皂税—艾迪生赞同一则广告—约翰逊博士反对一则广告—"怡人"、"无与伦比"、"Vento"牌意大利花露水和"少女"牌花露水等等—奇异的塞浦路斯皂球—透明肥皂—大展览上的奈特、吉布斯和亚德利—皮尔斯一年花费十万英镑—罗兰德的马卡发油— 熊的油脂—猎熊—剃须刀、剃须皂和磨刀带—剃发刀—吉列先生的动机—牙刷—擦牙布—牙齿漂白—牙皂—特纳的牙粉使牙齿坚固— TAM HTAB 浴垫—拭巾—肌肤用刷子—旧式的沐浴液—"精神错乱"的想法—桑克托瑞斯医生的口袋浴—作者在此基础上的改进—米勒的自动浴盆—喜来登极其古怪的幻想—钢琴床—折叠式浴盆—奇特的浴卫设备—卫生间里的白兰地—吉普车浴

　　肥皂以及其他物品在卫生间里配合使用的历史值得一叙。古　240
人对肥皂是闻所未闻的。不过他们确实曾用过各种"皂草"，据说
这些草能产生丰富的泡沫。古埃及人还有可能向沐浴的水中加入
了一种天然泡碱，一种碳化苏打水。普林尼认为古代高卢人曾用
羊脂和山毛榉烧成的灰（氢氧化钾）来制作肥皂，但仅仅是为了
使毛发光亮。前面提到，古罗马人用油和沙沐浴。公元 2 世纪的
盖伦是首次提出用肥皂清洁身体和衣物的人。[①] 在英格兰，早期的
肥皂是家庭自制的，从 14 世纪以后，肥皂的生产就成了一种商业
行为。早期的肥皂主要用来洗衣裳，在很长一段时间里，人们更
愿意用各种不同的"花露水"清洁身体。一位使用没药水[②]洗浴的
女子发现

　　　用没药洗浴后会使人长久年轻，我在晚间只用没药水蘸湿一
　　　块细布洗脸。

　　16 世纪，各国间相安无事，西班牙卡斯蒂利亚的肥皂大量流
入。伦敦的肥皂生产者制造三种不同的产品：第一种为用颜色点
缀的，质量最佳；其次为白色的；第三种为灰色，价格最低。这

---

①　盖伦：古希腊名医及有关医术的作家。
②　没药：为橄榄科植物。没药树的树脂可散血去瘀，消肿镇痛。

几种肥皂都以小桶出售，一小桶等于一费尔金，[①] 人们拿回家后自己加入香水。1638 年，肥皂制造商们成立了大公司。查理一世统治时期，肥皂制造业甚为重要，他可以出售专营权。相互竞争的制造商在国会都有自己的保护伞，因此，肥皂是英国内战爆发的原因之一。反对国王的圆颅党人并不赞同对卫生间给予过多的关注，克伦威尔也对肥皂课以重税。这一重税直到王朝复辟时才得以取消。1700 年时，仅伦敦就有肥皂工厂 63 家，1712 年，国家再次对肥皂征税，其标准为每磅 1 便士。当年通过的法令还规定了英国的肥皂制造标准。

艾迪生 1710 年引用了一则寄至《闲话》报的肥皂广告，他认为是一篇好的广告范文：

最为复杂的、用薰衣草勾兑的酒，最高贵、最具活力的香味——如果可以这么说的话——是如此地使人心醉神迷，荡气回肠，而且只有那些曾有机会试过的人才会赞同这样的说法，即便是最简单的一种，也会为大多数人所向往，也会比其他任何东西都赢得更多的尊敬。肥皂是被装在干净的燧石瓶子里出售的，便于携带，只在靠近霍伯恩酒吧的沃顿短街的金钥匙商店出售，3 先令 6 便士一瓶，并附有使用说明。

艾迪生非常赞赏"这几朵花，因为薰衣草香精包藏在里面"。

---

① 合 9 加仑或 40.9 升。

皇家化学洗球

约翰逊医生在 1759 年的《闲人》中抨击了关于肥皂的广告，他别有意味地讽刺了真正的皇家化学洗球，说它不但可以去除"各种皮肤病、皮疹、癣、太阳灼伤、皮屑、粉刺、天花造成的凹痕和红斑"，而且还可以"将剃须刀磨利，使大脑和神经感觉舒适，不得感冒"。

1786 年乔治二世《成文法》课税的沐浴用品包括：爽身粉、皂膏、皂球、香脂、油膏、涂油、水、洗涤剂、酊剂、香精和浴液，所罗列的花露水包括"怡人"、"无与伦比"、"Vento 牌意大利花露水"以及"少女花露水"等品牌。

1789 年，安德鲁·皮尔斯开始制造透明肥皂。他将普通肥皂用酒精溶化，酒精挥发后，剩下透明的胶状物质，将这些胶状物 242

欧内斯特·格里塞特所画的广告，1898 年

放入模子中慢慢晾干便成了透明皂。自 1815 年起，肥皂税为每
磅 3 便士或百分之百，但 1833 年时，税收减去了一半，而 1853
年时，格拉斯通将其完全废除，这样有助于沐浴习惯的再次形成。
此后，英格兰每年生产 1 亿 3600 万磅肥皂。在 1851 年大博览会
上，肥皂和香水部分有 727 位参展者，其中大约一半是英国人。
奈特、吉布斯、亚德利等人都参展了。亚德利、斯达翰还因他们
的棕色温莎皂而获奖。当时参展的同一块肥皂还参加了一百年以
后的《维多利亚与阿尔伯特百年纪念展》。皮尔斯尝试用一种新的
大范围的广告促销。他们的广告费用从 1865 年的 80 英镑上升到

每年 10 万英镑。另一种受到大肆宣传的产品是 1793 年首制的罗兰的马卡萨发油，这种产品由于在《镜中爱丽丝》和拜伦的《唐璜》中有所提及而闻名，"（沙发）防油巾"这一新词也被收入了英语语言之中。作为护发的产品之一，马卡发油成为传统熊油脂的有力竞争者。

位于林肯酒馆前广场附近、葡萄牙大街 1 号的 H.LITTLE 243 是一个香水商，他向公众宣布说他捕获了一只上好的俄国熊，这只熊的脂肪成熟得很好。他请求人们关注这只熊，因为它不论大小、肥瘦都十分少见。他现在正在出售从熊身上割下的脂肪油，有 2 先令 6 便士一盒的，也有 5 先令一盒的，罐装的从每瓶 1 先令到 1 畿尼不等。

另外一个广告商向爱好狩猎的人士提供了猎熊的机会；但另一位做猎熊广告的人警告人们不要将熊脂涂在自己的手背上，否

AN EASY SHAVE.
LLOYD'S EUXESIS.
For Shaving without Soap, Water, or Brush, and in one-half the ordinary time.
SOOTHING TO THE MOST IRRITABLE SKIN.
Manufactured only by AIMÉE LLOYD, Widow of A. S. Lloyd, 3, Spur Street, Leicester Square, London.
In Metal Tubes, price 1s. 6d. (post free).　Sold by all Chemists and Stores.
Caution.—Ask for the **Widow Lloyd's Euxesis**, and observe " Prepared only by his Widow," in Red Ink across labels.

劳埃德商船协会为一简易剃须刀所打的广告

> A CAUTION to prevent IMPOSITION.
> SHARP'S CONCAVE RAZORS
>
> Are made of the very best steel that can be possibly procured in this or any other country, tempered, and finished with the greatest nicety and circumspection. Their superior excellence above all others has made them more esteemed than any Razor now in use; the consequence of which is that some persons have offered, and still do offer, an inferior article under their name.
>
> C. SHARP, Perfumer and Razor Maker to his Royal Highness the Prince of Wales, at No. 131, Fleet Street, and No. 57, Cornhill,
>
> Most respectfully intreats the public to observe that his Concave Razors are not sold at any other places in London, but at his shops as above, Sharp stamped on the blade of the Razors; all others are counterfeit.
>
> Sharp's Metallic Razor Strops, which keep the Razor in good order, without the use of a Hone or grinding, are not to be equalled; but the above articles are too well esteemed to need anything being said in their behalf. His Alpine Soap, for shaving, is by far the best adapted for that purpose of any yet invented; it never causes the least smarting sensation, but is perfectly soft, sweet, and pleasing. Likewise his curious Cyprian Wash balls, great variety of shaving cases and pouches, that hold all the implements necessary for shaving, dressing, &c.
>
> Sharp's sweet hard and soft pomatums, are remarkable for keeping good in any climate longer than any other. His Lavender Water, drawn from the flowers, his warranted Tooth brushes and the Prince of Wales Tooth Powder, are articles worthy the attention of the public.
>
> Combs, Soaps, Wash-balls, and every article in the Perfumery branch, wholesale, retail, and for exportation.
>
> N.B. Families, &c., who take any of Sharp's articles by the dozen save considerably.
>
> A complete Dressing case fitted up with razors, Combs &c., for 10s. 6d.

夏普凹面剃须刀广告

则他们可能会长出像熊掌一样毛茸茸的爪子。直到 1846 年，《笨拙》杂志的漫画里有一家商店还告知人们"又杀死了一只熊"。

早在古罗马时期就有了青铜制成的剃须刀，其形状各异，但有的与矛枪十分相似，尽管士兵们磨利矛头是为了剃须，但当时的作战军团并不严格要求士兵必须剃须。到了 13 世纪，产于不列塔尼甘冈的甘冈剃须刀被说成是女性梳洗的必备之物。自 15 世纪以来，"割喉"牌剃须刀在所有的类似产品中可能是形状变化最小的了。路易十一世的"割喉"牌镀银剃须刀与今天的剃须刀一模一样。17 世纪的货单上开始出现香皂盒。银制的盒子里装着带香味的剃须用肥皂球。1710 年，一系列拥有专利的用于磨剃须刀的皮质带子开始在广告中出现。1762 年，M. 莫罗发明了一种"安全剃须刀"，虽然它因袭了"割喉"的式样，但是带有齿形护边，有剃发刀的风格。双刃剃须刀始见于 1780 年，1804 年的专利中则有一项"既不用剃须刀、肥皂或水也可剃须的制剂"：如果世上真有一种无害而高效的脱毛剂的话，那么人类从此就会放弃使用剃须刀。

　　让人大失所望的是，当金·C.吉列发明现代式的安全剃须刀　244
的时候（当时价格为 5 美元，但很快就降至 10 美分），[1] 他的目的并不是要改进剃须刀。他当时的动机是："我们发明什么样的剃须刀才能使成千上万的人都能使用，并且可以迅速更新，而且便宜到人们在相当一段时间内都觉察不到总的花费？"在吉列之前的年代，人们通常只能到理发店剃须。经常剃须的人在理发店都有各自的杯子，上面标有每个人的姓名。一种设计巧妙、但却颇为吓人的带滑轮的转轴已经从理发店消失。它曾被用于修面，通常安装在椅子上方，较长，可以旋转，由电力或蒸汽带动。滑轮上垂挂着皮带，一旦绷紧，皮带就能带动圆柱形的毛刷，效果肯定　245

---

　　① 　金·C.吉列（King C. Gillette，1855—1932），美国发明家，发明了安全的吉列剃须刀。

"BAUER'S HEAD (AND BATH) SOAP."

(Registered Title.)

Composed of ROSEMARY, BORAX, GLYCERINE,
And other Emollients.

Cleanses, Strengthens, and Promotes the GROWTH of HAIR, removing Scurf, and producing healthy action of the SKIN. A luxury for BATH and TOILET.

AN EXCELLENT SHAVING SOAP.

Price Sixpence ; free by post, Twopence extra.

Sold by all Chemists and Perfumers. Manufactured solely by

OSBORNE, BAUER, AND CHEESEMAN,

Perfumers to the Queen.

Proprietors of the "Incomparable Smelling Salts" (lately styled "Inexhaustible "), as supplied to the QUEEN, "Baby's Soap," "Ruby Lip Balm," &c. &c.

19, Golden Square, Regent Street, London.

鲍尔洗头（和洗澡）肥皂广告

不错。英国理发店从来没有像欧洲大陆的理发店一样雇用那些给顾客下巴涂泡沫的女服务员（英国人不相信她们使用剃须刀的能力）。但是，斯德哥尔摩年龄较大的男人仍然向人们炫耀他的下巴曾由一名叫作嘉宝的未来女影星爱抚过。

据说 19 世纪 80 年代广告中说的 "鲍尔洗头（和洗澡）肥皂" 也是一种优质的剃须皂，但是广告也声称它有助于头发的生长，这似乎有点自相矛盾。

牙刷的起源没有肯定的说法。据说罗马的妇女们曾经使用过牙刷，而且还咀嚼来自开俄斯小岛（the Isle of Chios）的乳香来保护自己的牙齿。即便有的人嘴里没牙，需要手脚灵巧的奴隶把假牙塞到嘴里，她们还是要咀嚼这种东西以保持姣好的容貌。从很久很久以前开始，非洲土著的刚果人如果随身携带磨损的细柳条，在当地是对人最大的侮辱，意思是说："你没有清洁牙齿。"英国首次提到刷牙是在 1651 年。伊丽莎白女王的牙齿年轻时是黄色，而到晚年时已经变成黑色了。当时的一位外国来客注意到她的大多数臣民也有同样的毛病。当时的人认为牙齿可以用亚麻布或锦葵根擦洗，"这样不但可以擦去牙龈的烟色，而且可以去除牙齿上面的黄渍"。16 世纪后期的一则记载中这样写道："半码布用来清洁牙齿，花费 9 便士"。"漂牙剂"和"洁牙皂"至少在此时已经出现。"沃恩漱口水"于 1602 年出现，其制造者称它"不但使人头脑清醒，而且令人口气清新，比一千盒牙粉还要好"。

1660 年的一则广告这样写道：

246

> 最优质、最受欢迎的牙粉能使牙齿洁净，白如象牙，不受牙痛之苦。因此，只要常用，就不会受到牙痛的困扰，反而会使牙齿坚固，口气清新，口腔和牙龈不会产生溃疡和脓肿。这种牙粉由罗伯特·特纳先生制造，只有文具商托马斯·鲁克斯有权出售，他的商店位于学校附近圣保罗大教堂东面的圣兰姆，12 便士一纸包。
>
> 读者须谨防假冒。

切斯特菲尔德勋爵早在 1754 年就建议他的儿子每天早上用海绵和温水外加几滴火绳枪水来清洁牙齿。[①] 烟灰是一种流行一时的牙膏，自制牙膏的配方是烟灰（荨麻或烟草灰）加蜂蜜、木炭、槟榔果以及墨鱼骨的混合物。罗兰的马卡萨发油十分有名，也使

---

① 可能是一种药水的牌子，原文为 arquebusade water。

它的"牙齿牌"牙粉长盛不衰，1800 年以前被认为是"完全用神奇的东方药草制成的牙膏"。

沐浴垫很早便出现了，但当时并不叫作 TAM HTAB。1325 年，提供给国王的 24 个浴垫，每个两便士。在中世纪有关浴盆的绘画中可以见到浴垫。浴袍首次出现在 1328 年，当时称为 baingnoere，随后又称为 baignoir，而现在称之为 peignoir。浴巾也有意思上的转变。toilette 开始时的意思为"小的"，指小块擦脸布或刮脸时围在脖子周围的拭巾。1467 年以后，日耳曼语中的一个意思为"清洗"的动词进入古法语成为 touaille，该词又影响了中世纪英语成为 towaille。[①]

清洗肌体的刷子一直广为使用，直到被海绵、丝瓜络和法兰绒代替为止。法兰绒是一种质感欠佳的材料，即便是新的也是如此。最终，这些东西被用拭巾布制成的搓澡手套所代替，搓澡手套开始时是在用拭巾擦干身体之后干用，它会将身体搓得透红。对于那些喜欢用力揉搓的人，他们可以尝试 1895 年广告中宣称的"土耳其折叠式马鬃面刷"。除了在使用方面有性别之分以外，我们的研究没有发现对海绵有什么特别的记载。

水和蒸汽并不是沐浴所用的唯一液体，影迷们都知道，像罗马皇帝尼禄的妻子波普西娅一样的女人都用牛奶沐浴。波普西娅每次出游，总是带上一队母驴为她提供奶汁沐浴。博·布鲁默尔也用牛奶沐浴。昆斯伯里的威廉·道格拉斯公爵四世也是如此。

---

① 作者在本段讲"浴垫"、"浴衣"、"浴巾"在法语和英语中的拼写及词意演变过程，因此未译这几个单词。

他是一个放荡而又大度的老头，他的堕落之所以广为流传，还得归因于华兹华斯和彭斯。他上年岁之后，习惯从自家位于皮卡底里广场的阳台上搜寻过往的女士，每发现一位漂亮的就差侍者下 247 去尾随并劝说。他虽然一直用牛奶洗澡，但还是很脏。他或许有子女，但到 1810 年去世时却一直未婚。从那以后，许多对用牛奶洗澡满怀猜疑的伦敦人又开始喝牛奶。

浴池里通常加有海草、发酵过的酒糟、杉树油、甘菊、百里香、橡树皮、玫瑰花瓣或核桃树叶。在英国，沐浴用水种类繁多，像法国用来泡茶的东西很多一样。松针浴并不像听起来那样可怕，没有必要将松针放入勇敢的沐浴者的浴水之中，因为用的只是用松针煎成的汁。也有人喜欢氯浴和盐酸浴，如果能得到适当的稀释，洗起来也许不会像想象中的那样恐怖。如果用压缩空气进行空气浴的话，那么它的压力应当保持 2 到 3 个大气压。如果当时有法恩镇的航空医学院的话，它会有足够好的设备来进行试验，以恢复压缩空气的使用。还有一些不太受欢迎的沐浴材料，比如泥炭（"与水充分混合后使之黏稠"）、各种稀泥、（人或动物的）血液、马粪以及海鸟粪。爱斯基摩妇女曾用尿液洗浴，只是没有足够的尿液用来洗浴。伊拉斯谟说，16 世纪时尿液甚至是一种广受欢迎的洁牙材料，它就像渗入沐浴水中的蜂卵一样，对人的风湿病有一定治疗作用。芥草浴历史悠久，事实上，它在 20 世纪 30 年代"芥草洗浴中心"大肆进行宣传的几百年之前就存在了。谷糠和热水是美容专家雷切尔夫人在 1863 年向人们介绍的"阿拉伯式洗浴"的主要用料。她在邦德街经营的沙龙用的正是这种洗浴方式，全过程每次花费 1000 畿尼。这么贵的价钱是否会有顾客，我们无从得知，因为雷切尔夫人因受控敲诈一名多嘴的顾客而被判入狱 5 年，她的沙龙也不得不因此而关闭。在纷乱的 19 世纪 90 年代，舞台明星科拉·珀尔是用香槟酒沐浴的，这种说法来源于她的新闻发言人——如果当时有这种职务的话。当时的一本妇女杂志还推荐金发女郎使用白葡萄酒清洗（不一定用于洗澡），浅黑肤色的女人用红葡萄酒清洗。这只是一种愿望，因为当时的妇女不能拥有丈夫地下室的钥匙。

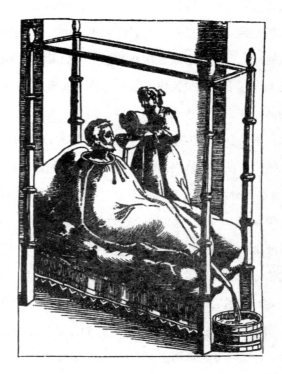

桑克托瑞斯大夫的口袋浴

出于种种原因，在卫生设施的使用与安装方面人们总是将设计者那些"精神错乱"的想法付诸实践。他们的设计从实用奇怪的小装置到超出现实的豪华装置，无奇不有。他们在折叠和便携的小型装置创造方面尤为丰富，擅长将卫生设备伪装成别的什么东西，将两个或更多不太和谐的装置合成一个。他们的许多发明一时广受欢迎，但没有一个幸存下来。

桑克托瑞斯大夫一生在帕多瓦从医，1636 年在威尼斯去世。248 他发明了口袋浴，与后来的蒸汽袋浴有些相似。病人脖子周围的袋口可以扎紧，防止浴水外流。病人坐在床上，被装入口袋，洗浴用水从位于肩膀处的一个漏斗注入，洗完后通过袋子下端的一根管子排到一个大盆里。如果沐浴者需要较长时间的浸泡，排水管是可以堵住的。今天的露营者所洗的折叠式口袋浴正是借鉴了这种沐浴方式：防水的塑料袋子有足够大的空间，以便沐浴者在里面搓洗身体。一般来说，这种方法分为两步：首先是用肥皂搓洗，然后是用清水冲洗。这样，可以用尽可能少的水将身体清洗干净，当然这种沐浴还得有一名帮手。如果袋子下端是分叉的，那么沐浴者在沐浴时就可以随意活动，如果袋子还有伸胳臂的地方，连帮手也可以不用。这种沐浴方法后来发展为睡衣浴，作者也希望从这种沐浴方法中获益。

1776 年，德·米利伯爵发明了一种自动浴盆（baignoire mé- 250 canique），这种浴盆里装有一台复杂的装置，可以使里面的水不停地活动。这样，人们在家里沐浴的同时还能享受在河中戏水的乐趣。百年之后，这一想法在尤尔特发明的带有水浪控制的"改良

249

维奥莱特公爵于 1849 年设计的洗手的水钵，水钵上包有铜箔，
配以雕刻。顶部有蓄水槽，供有两条卷轴毛巾

钢琴床，1866 年

喷洒浴”中得以体现。

喜来登最为古怪的设想是一种装有"加热罐"的矮凳，这样即便是在寒冷的冬天，凳子也能保持温暖。假如当初他对金属制品感兴趣的话，肯定会继续钻研，发明一种自动加热的浴盆，但发明这种奢侈浴盆的时机还不成熟。

我们前面提到过外表看起来像上床时的脚踏或书的坐便器和看起来像沙发的浴盆。1866 年首创的"钢琴床"冲破了人们以往最开阔想象的界限，将节约空间和用具的可转换性发挥到了极致。按步骤打开一台真正的钢琴，你会发现一张写字台、一组抽屉、

用汽油加热的折叠式浴盆

一张床、用于装床上用品的两个柜子、带壶的洗脸盆以及挂毛巾的架子，可旋转的琴凳里藏有妇女用的针线盒和梳妆镜。"实践表明，所有这些装置一点也不影响钢琴的音质。"

有一些折叠式和综合性的卫生用具十分实用，美国1895年

251 出现的用汽油加热的"衣橱浴盆"就是解决空间问题的一个极好

可翻转的便桶和坐浴盆

摆动式面盆，1907 年

例子。蒙哥马利·沃德的邮购手册中提供得更多的是折叠式浴盆，而不是一般浴盆。1897 年，麦克道尔和史蒂文斯公司的"专利浴盆"将所有安装部件隐藏在浴盆边缘的下面，盆边连接的一个活叶将其全部遮盖，"形成了一个床架，显得空间很大。"

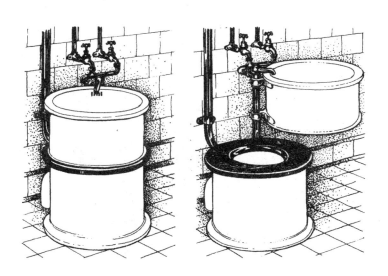

隐蔽式专利厕所，1907 年

摆动式盥洗架，1907 年

结实的铜铸医院浴盆

1890 年改良后的俄罗斯浴室，它将蒸汽浴和热空气浴融为一体，热管道能防止蒸汽的冷凝

便携式土耳其浴室或热空气浴，1899 年

沐浴与魅力：法式、德式、英式

1900 年前后，一系列谈论有关综合性能的文章出现了。詹宁斯成功地将下身洗盆、浴足盆、坐浴盆和"便桶"合成了一个可翻转的两用桶，当然，使用时必须特别谨慎。这使我们想起了万多姆公爵使用过的两用盆。万多姆公爵从坐便器上起身，他才洗过手，就把洗手盆当成理发店用盆来用。

亚当塞兹发明了一系列奇特的卫浴设备。一种摆动式的面盆 252 可在浴盆上方左右旋转，面盆里的脏水可以流入下面的浴盆里。不难想象，两个盆是共用一个水龙头。"隐蔽式专利厕所"（The Patent Concealed Closet Set）是一个圆筒形的便盆，上方安有一个同样形状的面盆，面盆既可以与便盆极好地吻合，也可以将它摆动到一旁。另外一种水厕设计方案将便盆、水箱、面盆、药箱以及梳洗镜巧妙地组合为一体，只占用同样的面积。我们必须对其中的一些设计加以说明：凡是在面盆可以摆动的空间都可安装固定的面盆，固定面盆的好处是可以省下大量的合叶、螺丝钉及螺丝帽等零配件。

尚克斯在其《铁路及轮船用品手册》中罗列了许多非常紧凑 256 的装置，其中一种尤为豪华：一个为火车上的厕所而设计的放瓶子的架子，图中的架子上放着一瓶白兰地。这种架子很可能是专为私人包厢设计的。

"二战"期间，吉普车浴在一些炎热而缺水的地方极受欢迎，这种方法是明智可取的，因为这种方法只需用吉普车厢装上从遥远的地方运来的珍贵的水，让烈日将它晒热，就可以按职务高低依次入浴了。轮到空军上尉时，水已经脏得没法用了。直到一名幽默作家描述了一个无助的沐浴者在车厢里被拖着围绕该住宅区转圈，这种倒退的沐浴方式才得以终止。

吉普车浴

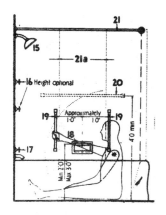

第十八章 浴室蔚然成风

　　旧瓶装新酒—伦敦的房屋—改建的浴室—节约空间—款式的渐进—祖父毫不惊奇—痛苦的妻子进退维谷—现实生活中的浴室—管道的黑色标记—刻薄的批评—我们的习惯—新的装备—结束语

258 　　第一次世界大战后不久，大量"搪瓷卫生设施"出现了（主要是浴缸和浴盆）。1921 年后短短的两年间，美国的浴具使用数量由 240 万个上升到了 480 万个。英国的增幅也与此相近，但这并不意味着英国普通人家都有适当的卫生间来安装这些浴盆。新酒常常不得不装在旧瓶里。英国中产阶级居住的房屋一般都有三十年的历史了。1920 年之前建造的房子很少能够辟出空间用作浴室。伦敦市标准的台地房屋属于较富的人家，大约建于 19 世纪 60 年代，从坡下到坡上，几千座房屋几乎是同一种设计，四五层的楼中每层最多只有两个常用的房间。这种房子是为不断增加的富裕的中、上层家庭设计的，至少需要一个家仆在豪华的楼梯上来回奔忙，听候使唤，或送煤、或送水、或送食物。1850 年，家仆已经成为伦敦市人数最多的一个工种，总数达 121000 人。而英国只有 6 个城市的总人口超过了这个数字。在这些劳工中，一半以上的年龄还不到 25 岁。有的女仆和灯塔守夜人一样辛苦。地下室黑暗且不通风，阁楼又斜又低，根本不适合居住，水箱也常常破裂渗水。这样的房屋设计十分糟糕：空间宽敞但布局不妥。作为家庭住宅，它们的寿命注定很短暂，经过一代或最多两代人，房屋就不能居住了。到了 1918 年，许多家仆发现在兵工厂可以找到相对较轻松、报酬更多的工作。那些房屋迟早会以楼层或房间

259 的方式被分割出租，变成公寓。租用者常常偷偷地走过楼梯，在上锁的浴室或卫生间门前大吵大闹。一排排这样的房屋后来都被

改造成各式各样的私营旅店，古典门廊显得有些多余。

　　在这些房屋改变用途之前，许多家庭仍然设法使用便携式浴盆。除了郊区的一些大房子，一般的房子都会将大卧室的一部分空间改作浴室。它们改建的方式多样。卫生间可以建在单层或双层"办公楼"后侧的顶上。在贝斯沃特、皮姆利科和肯辛顿等地，在房屋的后花园里，人们可以见到一排又一排这样改建的各种装饰奇特的卫生间。这些房子独特的装饰风格和管道工程，使人强烈地感觉到那种"安妮女王的前庭和玛莉·安后院"①的效果。如果躺在床上的人或沐浴的人对天花板的造型效果不过分要求的话，可以从卧室辟出一小块空间作浴室。改建时如果隔墙遇到了窗户就会发生许多意想不到的事情。楼梯的平台有时正好可以搭建一个立方体的浴室，从楼下可以看到浴室里的灯光，听到嘈杂的水声。

辛苦的女仆

---

　　①　"安妮女王的前庭"指英国建筑史上的一种建筑风格，前庭和门廊装饰豪华；"玛莉·安后院"可能指不加装饰或装饰粗糙，或指厕所。

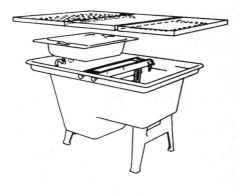

五用浴盆

一旦房屋被分割成小公寓出租，就需要有更多的卫生间。厨房也被改造使用，浴室和厨房可共用一个煤气热水器。地下室的浴室通常设在楼梯下面，里面光线昏暗，空气不足，却满是水管和仪表。虽然当时也有各种类型的折叠式浴盆出售，但是在这种拥挤的地方，折叠式浴盆并不像想象的那样受欢迎，原因也许是它比标准的浴缸昂贵。但是无论如何，折叠式浴盆在节约空间方面仍是值得赞赏的。

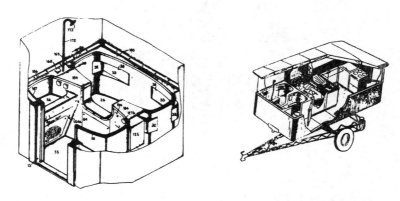

巴克敏斯特·富勒于 1938 年和 1943 年设计的活动浴室及其机芯

国际浴盆协会发明的"五用浴盆"将一张台面结实的普通 260
桌子、一个带下水口的厨房水槽、一个洗脸盆、一个带绞干机的
"家用洗衣设施"和一个供"成人或儿童"使用的浴盆结合成一个
完美的整体，遗憾的是却没有淋浴或坐便器。另一种美国造的节
约空间的浴盆要求使用者采取半蹲的姿态进行沐浴。

近来，巴克敏斯特·富勒发明的"浴厨热光组合装置"将客
厅和卧室除外的几乎所有主要的自动装置都合为一体，没有比此
项发明更节约空间的了。这台高效、顺应时代要求的小巧"家用
机器"对那些体面的家庭而言或许不太称心如意，因为它好像是
为潜水艇而设计的。如果为了节约空间和金钱反而使房屋不方便
的话，那未免是一个遗憾。

并非所有的新式浴盆都被安装到了新兴贫民临时搭建的住所 261
里，市政厅所在地的大小房屋里都有新式的、整洁小巧的浴室，
里面安装了数百万个浴盆，足够所有那些安不起的人使用。在浴
盆普及进程中并没有显著的技术进步。在很长一段时间里，除了
抛光和装饰风格外，浴室几乎千篇一律。爱德华文艺复兴和新艺
术（art nouveau）时代已经远去，我们看到的是 1925 年巴黎会展
之后现代风格（style moderne）的逐渐渗透给人们带来的最新的不
快——所有风格都一样——直到浴室遇到了一个"很特别的建筑
师"。在时尚的不断产生和消失过程中，浴室已经变得标准化了。
现在没有什么特殊的样式能够让我们的祖父感到惊奇。一个制造
商不久前列举了 19 种大小形状不同的浴盆，有 72 种颜色，其中
仅粉红色就有 22 种色差。如果每个样品都展出的话，他的展室里

将有 1368 个浴盆，最小的只不过是标准样品的微缩版而已，所有的浴盆基本上都一样。我们的祖父在沐浴问题上则有更大的选择余地，他们生活中几乎不可缺少的淋浴现在已经成了英格兰的稀有物。在英格兰，美式的琉璃"浴池屏蔽"也很少见。（大概是彼德·阿诺描绘的场景让我们感到恐怖：玻璃围屏的门和淋浴喷头都出了故障，丈夫半身被淹没在里面，不断地打着手势。更糟糕的是，外边的妻子进退维谷——如果她打开门的话，会发生什么呢？）

我们实事求是地思考一下当今的浴室。请读者走进自己的浴室，冷静地观察几分钟。你们浴室里的圆形浴盆和直墙之间的连接问题什么时候得到过巧妙而永久的解决？我们放弃了一款设计过于灵巧的沐浴污水管道，它靠转动一根沉重的竖管的上方来倾倒洗澡水。这种管道清洗困难，常常漏水。但凡使用这种管道的人，常常会在雾蒙蒙的蒸汽中惊愕地发现自己搁浅了。我们又回过头去使用塞子和链条——但是在实际生活中，这些链条有多少是完好无缺的，又有多少甚至根本就没有链条呢？伦敦一家颇有影响的旅馆除了提供喷头之外还提供另一种方式：把预先兑好的洗澡水迅速提供给沐浴者，所用的管道既是进口又是废水出口，不可避免地带入了前一位沐浴者的最后两三盎司的脏水。脸盆溢水时，有多少是可以清理的？谁曾勇敢而机智地去探索过？管道冻结问题怎么解决？镜子的照明问题呢？浴室以及厕所的取暖问题呢？药匣和里边应放的东西——过去十年的家族病史呢？有多262 少浴室仅受到几天的霜冻就被迫停止了使用？又有多少浴室里安装了"管道工之乐"那样的附件呢？（"管道工之乐"是脸盆上方一个玻璃架非正式的商标名称。玻璃架的托架彼此相隔很远，稍不注意，玻璃就会掉进脸盆，使脸盆破裂。这种附件造成的破坏性有利于管道工的生意，因此而得名。）至于不恰当的管道安装，如果我们用得分制来评估的话，每一个外露的接合点都打上一个黑色的标记，有多少浴室会少于 20 分？（作者浴室里的浴盆和脸盆都带有外罩，相当整洁，还得了 26 分，可以作为未来竞赛打分的参考标准。）

现实生活中有多少冲水马桶只拉一下（有经验的家庭佣人除外）就冲水并且每次都能冲洗干净？噪音分贝是多少？有多少医生认为目前的坐便器高度适当、使用者坐在上面体态自然呢？有

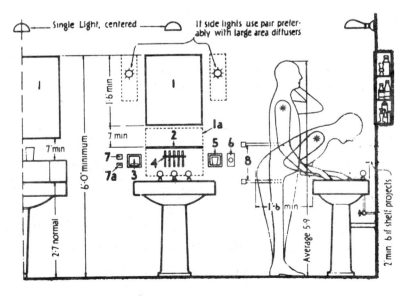

浴室基本结构图（《美国建筑师》，1935 年）

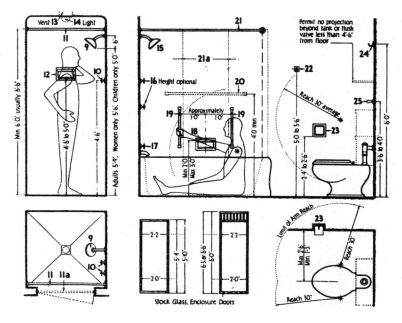

浴室的造价会比电视机更便宜吗？

多少人认为东方基座式的蹲式厕所真的像一位作家说的那样"仅仅适合于当地的种族使用"？"当地的种族"？

A. J. 兰姆曾引用过 1930 年的一则报道，大体意思是说每年263 至少有 1 万人在浴室里因滑倒、煤气中毒或电击而受伤。无论是管道工人还是房屋的主人，也无论是建筑师还是制造商，都不能说问题已经得到了解决。当然，也有无可挑剔的浴室，但是就现有的技术和安装复杂浴室的技巧而言，大部分浴室的安装与人造地球卫星的时代几乎不相称。或许我们的设备有限，希望尽快改进我们的浴室：使一个新的冲水厕所的价格会低于一台电视机。但是 1958 年版的《电视》手册显示：在美国，4240 万个或 84%

的家庭拥有一台以上的电视机，然而只有不到 100 万人拥有浴盆。根据西德浴盆协会的调查，1958 年检查员们走访了西德一个小镇的 200 户人家，他们看到了 125 台电视机，但只看到了 3 个浴盆。

在约克郡的莫雷，有五分之一的房屋是要定期拆除的。1958 年，那里的住房调查显示：50% 的住房没有浴室，30% 的住户共 用一个厕所。另一个措辞较为含糊的估计告诉我们：英国"大约三分之一的老房子"没有浴室。《泰晤士报》（1958 年 6 月 3 日）告诉我们，在格拉斯哥的哥巴斯（Gorbals），只有不到四分之一的住房有"厕所"，大约三十分之一的住户有浴室——与三十年前的情形没什么两样。曼彻斯特的"戏剧性挖掘"之后不久，"内设厕所，面对酒吧"被广告宣称为具有很大优势，英文缩写为"lav. in; pub opp."。

对设备的谈论就到此为止，在接受现实的同时，我们的个人习惯又如何呢？子孙后代会认为我们清洁高雅吗？

与伊斯兰的清洗方法相比，虽然现代浴室提供的是一种较为表面化的清洗方式，但如果我们每天都洗的话，它肯定能满足我们的需求。或许我们还没有忘记沐浴"最兴盛时代"的那些习惯以及战时洗澡水深为 5 英寸的规定，但是即使我们每星期只洗一次澡，我们在历史上的地位也会很高。一位统计学家告诉我们，今天伦敦的公交车上，我们的那些邻居中有五分之一的人从来不洗澡。这也许让我们丧气。许多电影院经理觉得有必要向观众喷洒香水，就像曾经给罗马平民喷洒香水那样。我们并没有喊叫"泼水啦"，然而我们的情况并不怎么好。中世纪爱丁堡的狭巷和科贝特曾经骑马经过的田间小道上并没有今天那些齐脚脖深的废纸。当中世纪的军队向伊克尼尔德威（Icknield Way）前进时，他们没有惊奇地看到邓斯特布尔敦（Dunstable Dawns）高地的峡谷里覆盖的那一层白白的冰淇淋盒造成的夏天的雪花。我们的狗和中世纪的狗在街上的行为一样差劲。伊拉斯谟会在我们的排水沟里见到一种新的、连我们也不知名称的污物（sordes）。在印度，右手不理会左手做什么是很正常的卫生习俗。在修道院里，从厕所去食堂的正确路线要经过盥洗室。最近有一场加强卫生习惯的运动，特别是在餐饮业，但是并没有得到普遍的支持。它的广告被《上层人》日报社所拒绝。当追问理由时，报社人员冷冷地回答说，它的所有读者已经在遵循这项规则。

我们一致同意不要将眼光仅仅停留在今天。很多广告高度赞扬温控水龙头、喷水龙头，黄铜和塑料管道、有机玻璃浴盆、无形的热气毛巾以及用起来既省力又省时的新型电动剃须刀——多加几美元，每天就能节约好几秒，多年累积起来就不得了，因为这种剃须刀一拿起来就工作。让未来的历史学家来评价这些成就，并且重新书写最后这一章吧！

简要文献目录

ASHE, G. *The Tale of the Tub* (Newman Neame; London, 1950).

BELL, J. *A Treatise on Baths* (Barrington; Philadelphia, 1850).

BESANT, SIR W. *The Survey of London: London, City* (Black; London, 1910).

BUER, M. C. *Health, Wealth and Population in the Early Days of the Industrial Revolution* (Routledge; London, 1926).

CHEYNE, G. *An Essay on Health and Long Life* (Strahan; London, 1724).

CHIPPENDALE, T. *The Gentleman and Cabinet Maker's Director* (London, 1754).

CROSSLEY, F. H. *The English Abbey* (Batsford; London, 1935).

EASSIE, W. *Sanitary Arrangements for Dwellings* (Smith, Elder; London, 1874).

EVANS, SIR A. *The Palace of Minos* (Macmillan; London, 1921).

FIENNES, C. See MORRIS, C.

FOURNIER, E. *Le Vieux Neuf* (Dentu; Paris, 1859).

FREEMAN, H. W. *The Thermal Baths of Bath* (Hamilton Adams; London, 1888).

FUCHS, E. *Illustrierte Sittengeschichte* (Langen; Munich, 1909).

GIEDION, S. *Mechanisation Takes Command* (Oxford University Press; New York, 1948).

GLOAG, J. *Georgian Grace* (Black; London, 1956).

GRANVILLE, A. B. *The Spas of England* (Colburn; London, 1841).

HAVARD, H. *Dictionnaire de l'Ameublement* (Paris, 1890-4).

HELLYER, B. *Under Eight Reigns* (Dent & Hellyer; London, undated; c. 1930).

HELLYER, S. S. *The Plumber and Sanitary Houses* (Batsford; London, 1877). *Principles and Practice of Plumbing* (Bell; London, 1891).

HEPPLEWHITE, G. *Cabinet Maker's and Upholsterer's Guide* (London, 1787).

LANE, R. J. *Life at the Water Cure* (Longman; London, 1846).

LLOYD, N. *A History of the English House* (Architectural Press; London, 1930).

LUCAS, C. *An Essay on Waters* (London, 1756).

MAYHEW, H. See QUENNELL, P.

MOORE, E. C. S., AND SILCOCK, E. J., *Sanitary Engineering* (London, 1901).

MORRIS, C. (Ed.) *The Journeys of Celia Fiennes* (Cresset Press; London, 1947).

PUDNEY, J. *The Smallest Room* (Joseph; London, 1954).

QUENNELL, P. *Mayhew's London* (Pilot Press; London, 1949). *Mayhew's*

Characters (Kimber; London, 1951).
REYNOLDS, R. *Cleanliness and Godliness* (Allen & Unwin; London, 1943).
ROBINS, F. W. *The Story of Water Supply* (Oxford University Press, 1946).
SALZMAN, L. F. *Building in England Down to 1540.* (Oxford University Press, 1952).
English Life in the Middle Ages (Oxford University Press, 1926).
SAMPSON, H. *A History of Advertising* (Chatto & Windus; London, 1874).
SANDSTRÖM AND THUNSTRÖM. *Bad I Hemmet Förr Och Nu* (Haeggström; Stockholm, 1946).
SCOTT, G. R. *The Story of Baths and Bathing* (T. Werner Laurie; London, 1939).
SHEARER, T. *The Cabinet Maker's London Book of Prices* (London, 1788).
Designs for Household Furniture (London, 1788).
SHERATON, T. *The Cabinet Dictionary* (London, 1803).
SINGER, HOLMYARD, HALL and WILLIAMS. (Ed.). *A History of Technology* (Oxford University Press; 1956).
SITWELL, O., and BARTON, M. *Brighton* (Faber & Faber; London, 1935).
TEALE, T. P. *Dangers to Health* (Churchill; London, 1878).
TREVELYAN, G. M. *English Social History* (Longmans, Green; London, 1944).
TUER, A. W. *Luxurious Bathing* (Field & Tuer; London, 1880).
TURNER, E. S. *The Shocking History of Advertising* (Joseph; London, 1952).
VALLENTIN, A. *Leonardo da Vinci* (Allen; London, 1952).
VIOLLET-LE-DUC, E. E. *Dictionnaire Raisonné du Mobilier Français* (Morel; Paris, 1871).
WARD, J. *Romano-British Buildings and Earthworks* (Methuen; London, 1911).
WARE, I. *A Complete Body of Architecture* (London, 1756).
WELLS, R. B. D. *Good Health, and How to Secure It* (Vickers; 1885).
WILLIAMS, N. *Powder and Paint* (Longmans, Green; London, 1957).
WRIGHT, T. *A History of Domestic Manners and Sentiments in England During the Middle Ages* (Chapman & Hall; London, 1862).
YARWOOD, D. *The English Home* (Batsford; London, 1956).
YOUNG, G. M. (Ed.) *Early Victorian England, 1830–1865* (Oxford University Press; 1934).

PERIODICALS, PAPERS, etc.

CAMERON, R. *Salles de Bains* (*l'Oeil*, Paris, May 1958).
Gas Journal, Centenary Number, 1949.
HOPE, W. H. St. J. *The London Charterhouse and its Water Supply* (*Archaeologia*, 58, Part I).
LAMB, H. A. J. *Sanitation: An Historical Survey* (*The Architects' Journal*, 4/3/37).
SABINE, E. L. *Latrines and Cesspools of Mediaeval London* (*Speculum*, U.S.A., July 1934).

SYMONDS, R. W. *The Craft of the Coffermaker* (*The Connoisseur*, March 1941).

THORESBY SOCIETY: *Kirkstall Abbey Excavations*, 2nd report, 1951; 6th report, 1955 (Thoresby Society, Leeds).

WEBSTER, D.McK. *Enamels and Enamelling, with Special Reference to Baths* (unpublished paper).

TRADE CATALOGUES, etc.

Adamsez Ltd.; Allied Ironfounders Ltd.; John Bolding & Sons Ltd.; Bostel Bros. Ltd.; The British Bath Co. Ltd.; Dent & Hellyer Ltd.; Doulton & Co. Ltd.; Ewart & Son Ltd.; W. N. Froy & Sons Ltd.; George Jennings Esq.; E. Johns & Co. Ltd.; Rownson, Drew & Clydesdale Ltd.; Shanks & Co. Ltd.; Twyfords Ltd.; Chas. Winn & Co. Ltd.

ILLUSTRATIONS: SOURCES AND ACKNOWLEDGEMENTS

(Works included in the Bibliography are identified here by the authors' surnames only and illustrations are identified by their page numbers)

Page iii, Fuchs, from fifteenth century woodcut. 1, Singer, from Greek vase, sixth century B.C. 5 (i), Adams (1896). 5 (ii), 6 (i), 6 (ii), Redrawn from Evans. 7, Evans. 8 (i), 8 (ii), Redrawn from Evans. 9, Evans. 10, Redrawn from Singer. 11 (i), Scott, from Wilkinson's *Ancient Egyptians*; (ii), Redrawn from photograph by Egypt Exploration Society. 13, Smith, *Dictionary of Greek and Roman Antiquities*. 15, Freeman. 16, Redrawn from *Encyclopaedia Britannica*, 11th ed. 19, Leaflet published by Corporation of Bath. 20, Redrawn from Ward, from O. Morgan. 23, Hellyer, B., from drawing by F. R. Dickinson. 25, Redrawn from a restoration by A. C. Henderson, F.S.A. 26, Singer, from Psalter of Eadwin, c. 1167, at Trinity College, Cambridge. 27, Redrawn from Salzman from source as above. 28, Redrawn from London Charterhouse Library. 30, Drawn from a photograph. 31, Williams, *History of the G.W.R.* 33, Fuchs. 35, Havard, from *Chronique et Histoire des Quatre Monarchies du Monde*, Bibliothèque de l'Arsénal, Paris. 37, Viollet-le-Duc. 38, Dürer, *Life of the Virgin*, 1509. 39, Wright, T. 40 (i), Havard, from *Aesop's Fables*, 1501; (ii), Fuchs. 41, Wright, T. from thirteenth-century MS. 43 (i), Sandström; (ii) Fuchs. 44 (i), Havard, from *L'Histoire de Jason*; (ii) Havard, from fifteenth century woodcut; (iii), Havard, from Bibliothèque de l'Arsénal, Paris. 45 (i), Havard, from tooled leather casket, fifteenth century; (ii), Dürer, *Life of the Virgin*, 1509; (iii), Havard, from *Roman de Watriquez*. 46, 47, 48, Hellyer, B., from drawings by F. R. Dickinson. 50, Detail from Visscher's *View of London*. 51, Havard, from *The Decameron*, fifteenth century, Bibliothèque de l'Arsénal, Paris. 52, Singer. 53, Wright, T., from Harleian MS. No. 603. 55, Sandström, from woodcut by Hans Beham, sixteenth century. 58, Sandström. 59, 60, Dürer. 61 (i) Fuchs; (ii), Sandström. 62 (1), (ii), Fuchs, from woodcuts by Jost Amann. 64, Robins, from *Old England*. 67, Fuchs, from engraving by J. M. Will, Nuremberg. 69, 70, Drawn from photographs. 72 (i), (ii), 74,

Science Museum Library, from Harington. 75, Drawn from portrait in the National Portrait Gallery. 77, Hogarth, *Four Times of the Day*, 1738. 79, Fuchs. 80, Redrawn from a drawing by Thomas Johnson in the British Museum. 82, Rowlandson. 84, 85, (i), (ii), Fuchs. 87 (i), Scott, from *The Builder*, 1861; (ii), Scott, from *Archaeologia*, 1834. 89, Fuchs, from a woodcut by Jost Amann. 91, Besant. 93, Drawn from a photograph from Sandström. 94, Besant. 97, Redrawn from Hellyer, S. S. 99, Fuchs, from a print published by R. Sayer, London. 100, 101, Fuchs, from an engraving by Theodor de Bry, from a woodcut by H. S. Beham. 102, Havard. 105, Ware. 106, 107, 108, Hellyer, S. S. 109, Rowlandson. 111, Sheraton. 113 (i), Havard; (ii), Chippendale; (iii), Havard; (iv), Sheraton. 114, Hepplewhite. 116 (i), (ii), Chippendale.

ILLUSTRATIONS: SOURCES AND ACKNOWLEDGEMENTS

116 (iii), 117 (i), (ii), Hepplewhite. 117 (iii), Sheraton. 118 (i), (ii), Havard. 119, Viollet-le-Duc. 120, Hepplewhite. 121 (i), Havard, from *Aesop's Fables*, 1501; (ii), Fuchs, from German woodcut, fifteenth century; (iii), Havard, from a picture by Brekelenkam, The Louvre, Paris. 125, Havard, from Boucher. 127 (i), (ii), Havard. 128 (i), Fuchs, from engraving by Crispin de Passe, from picture by Martin de Vos; (ii), Fuchs, from engraving by Georgius, from mural painting by Raphael. 129, Fuchs, from engraving by Le Beau, 1773. 130, 131, Drawn from photographs from *l'Oeil*. 132, Fuchs, from engraving by Girard from *A Day in the Life of a Courtesan*. 133, Drawn from a photograph from *l'Oeil*. 134, *l'Oeil*. 135 (i), Havard; (ii) Havard, from Percier and Fontaine. 136, Redrawn from Havard. 137, Fuchs, from an engraving by L. Surugue, from a picture by L. B. Pater, 1741. 141, Quennell, from Mayhew. 143, Hellyer, S. S. 145, London Museum. 146 (i), (ii), L.C.C., *The Centenary of London's Main Drainage*. 147, Williams, *History of the G.W.R.* 150, Flybill of 1832. 152, 153, Doré, *London*, 1877. 154, 155, Quennell, from Mayhew. 157, Lane. 159, Giedion, from Fleury, *Traité Hydrothérapique*. 160, 161 (i), (ii), Giedion. 162, Ewart. 163, Turner. 167 (i), (ii), (iii), (iv), 168 (i), (ii), Ewart. 169, Wells. 170 (i), (ii), 171 (i), Ewart. 171 (ii), Wells. 172 (i), (ii), Ewart. 173, Havard. 174 (i) Redrawn from Jennings; (ii), (iii), 175 (i), (ii), Ewart. 177, Lane. 181 (i), Scott, from Urquhart, *Manual of the Turkish Bath*; (ii) Giedion. 184, Wells. 187, Redrawn from Jennings. 189, Lane. 190 (i), Giedion, from Cole, *Journal of Design*, 1850; (ii) Redrawn from Jennings. 192, Giedion, from plumber's advertisement, Boston, 1850. 193, Ewart. 194 (i), (ii), Redrawn from *Gas Journal*. 195 (i), Froy; (ii), Redrawn from Ewart; (iii), Ewart. 196, Froy. 197, Ewart. 199, Hellyer, S. S. 201 (i), Lamb; (ii), Adams. 202 (i), (ii), (iii), Redrawn from Lamb. 203 (i), (ii), (iii), Dent and Hellyer. 203 (iv), 204, Jennings. 205, Redrawn from Adams. 206 (i), (ii), Doulton; (iii) Anonymous catalogue lent by E. Johns & Co., Ltd.; (iv), Doulton; (v), Shanks. 207 (i), Bolding; (ii), Doulton; (iii), Froy. 209 (i), (ii), (iii), Bolding. 211, Hellyer, S. S. 212, 213, Teale. 214 (i), Building Trades Exhibition catalogue, 1894; (ii), Hellyer, S. S.; (iii), Building Trades Exhibition catalogue. 215, Dent and Hellyer. 217, Hellyer, S. S. 219 (i), Drawing by the author; (ii) Hellyer, S. S.; (iii), (iv), Bolding. 220 (i), Hellyer, S. S.; (ii), Shanks; (iii), Hellyer, S. S. 221 (i), Doulton; (ii) Hellyer, S. S.; (iii) Twyford; (iv), Doulton. 223 (i), (ii), Froy; (iii), Doulton; (iv), Shanks. 224 (i), Redrawn from Giedion, from catalogue 1885; (ii), Lamb, from Jennings. 225 (i), Shanks; (ii), Doulton. 226 (i), Shanks; (ii) Ewart; (iii), Froy. 227 (i), (ii), Jennings. 229 (i), Ewart;

(ii), Ewart; (iii), Froy. 230, 231, Shanks. 232 (i), Froy; (ii) Ewart; (iii), Adamsez. 233 (i), Shanks; (ii), Adamsez. 234, Giedion. 235 (i), (ii), Shanks; (iii), Redrawn from Giedion. 236 (i), (ii), Froy; (iii), Redrawn from Shanks; (iv), Shanks. 237 (i), (ii), Adamsez. 239, Jennings. 241, Fuchs, from an engraving by Le Blond. 242, Advertisement for Pears Ltd. by Ernest Griset, 1898. 244, Sampson, from *The Times and Daily Register, 1788.* 248, *l'Oeil.* 249, Viollet-le-Duc. 250, Giedion. 251 (i), Redrawn from Gieidon, from Montgomery Ward Co. catalogue; (ii), Jennings. 252 (i), (ii), Redrawn from Adamsez. 253 (i), Adamsez; (ii), Redrawn from Ewart. 254 (i), (ii), (iii), Shanks. 255 (i), (ii), Fuchs; (iii), *Punch,* 1891, by Du Maurier. 256, From a photograph by the author, Tunisia, 1943. 257, *American Architect,* 1935. 259, Building Trades Exhibition catalogue, 1905. 260 (i), Lamb, from International Bath Association; (ii), Giedion, from Bruce and Sandbank, *A History of Prefabrication,* N.Y., 1944. 262, 263, *American Architect,* 1935. 265, Fuchs. 282, Redrawn from Bolding.

索 引

本索引所标页码为英文版页码，参见中译本边码

译后记

我不是研究建筑的，更不是研究厕所建筑的，进入这个领域是热心和无奈杂交的结果。

自然法则是无法抗拒的。人吃了东西就必须排泄，而且每天吃与排的次数几乎相当。然而，中国人似乎更注重入口而不注意出口。满街的饭店、酒楼、小餐馆，却难得见到一个像样的厕所。中国的厕所太少，条件太差，而且还要收费。

本人1982年首次出国时就曾对外国舒适的厕所发过感叹。以后又出去过几次，每次归来之后，都希望中国的厕所能够进化得快一点儿。但多年以来，斥巨资建造的宾馆、饭店、写字楼总是比普通厕所的建造速度快得多，数量也多得多。难怪一些情急之下找不着北的人就在墙根、树下方便了。

近些年来政府开始关注厕所，据说建设部还成立了专门研究厕所的课题组，这无疑是一个巨大的进步。我是在一次阅读中偶然发现作者提到《清洁与高雅》一书的，随即便托朋友从美国购回，开始翻译，目的有两个：

第一，文化这座庞然大厦是根根钢筋搭建、片片砖瓦垒砌、粒粒泥沙搅拌浇注而成的，希望中国的学术界能够更多地研究小事。

第二，2008年奥运在即，希望此书能够引起更多的人对厕所的关注，不要让外国游客在前来观看奥运，感受五千年文化的同时，凭嗅觉寻找厕所。同时，也希望借奥运的东风，让中国的普通人能够轻松地找到厕所，愉悦地走进厕所，免费地使用厕所。

书中的注释是译者加的。索引中未出现的人名、地名均在正文中附上了英文。原作中一些德、法、意大利文的翻译得到小语种老师和研究生的帮助，古英语和拉丁文的翻译得到英国汉那研究院资深研究员理查德·G. 弗农夫妇（Richard Geoffrey Vernon and Mary Christine Vernon）的帮助，在此一并感谢。

董爱国

2006 年 1 月 8 日

本书初版恰逢北京迎奥之年，如今奥运时过九年，国内厕所已大为改进，收费如厕几近绝迹。然而，中国厕所按照人口比例依然太少，很多厕所条件仍待改进。

此书能够再版我十分高兴。除了依然希望能够借此对厕所的改进有小小的推动，同时也希望能够给细心的读者带来乐趣，从中了解欧洲的早期建筑发展、水道设施以及皇室与贫民的生活习惯。

董爱国

2017 年 3 月 29 日

图书在版编目(CIP)数据

清洁与高雅:浴室和水厕趣史/(英)劳伦斯·赖特著;
董爱国,黄建敏译.—北京:商务印书馆,2018
ISBN 978-7-100-15861-9

Ⅰ.①清… Ⅱ.①劳… ②董… ③黄… Ⅲ.①浴
室—通俗读物②卫生间—通俗读物
Ⅳ.①TU241.044-49

中国版本图书馆 CIP 数据核字(2018)第 029910 号

清洁与高雅
——浴室和水厕趣史

〔英〕英伦斯·赖特 著
董爱国 黄建敏 译

商 务 印 书 馆 出 版
(北京王府井大街36号 邮政编码100710)
商 务 印 书 馆 发 行
北京通州皇家印刷厂印刷
ISBN 978-7-100-15861-9

2018年7月第1版 开本880×1230 1/32
2018年7月北京第1次印刷 印张11¾
定价:49.00元